高等职业教育教材

碳排放控制技术

▶ 季宏祥 主编

▶ 温 泉 主审

TANPAIFANG
KONGZHI
JISHU

化学工业出版社

·北京·

内容简介

本书以党的二十大精神为指引，落实立德树人根本任务，根据高职高专环境类教材的基本要求编写而成，突出知识的应用性和实用性，注重学生实际能力的培养。本书分别讲述温室气体控制措施、大气污染与保护、低碳固废处理技术、清洁生产与可持续发展。

本书可供高等职业环境保护相关专业师生教学使用，也可作为化工类、医药类、轻工类、冶金类、材料类及其他相关专业的环境保护教育教材，还可供环境保护技术人员使用。

图书在版编目（CIP）数据

碳排放控制技术 / 季宏祥主编. — 北京 ：化学工业出版社，2024. 9. — ISBN 978-7-122-46277-0

Ⅰ. X511. 06

中国国家版本馆 CIP 数据核字第 2024NP4338 号

责任编辑：李仙华　　文字编辑：张　琳　杨振美
责任校对：赵懿桐　　装帧设计：史利平

出版发行：化学工业出版社（北京市东城区青年湖南街 13 号　邮政编码 100011）
印　　装：北京科印技术咨询服务有限公司数码印刷分部
787mm×1092mm　1/16　印张 7¾　字数 184 千字　　2025 年 1 月北京第 1 版第 1 次印刷

购书咨询：010-64518888　　售后服务：010-64518899
网　　址：http://www.cip.com.cn
凡购买本书，如有缺损质量问题，本社销售中心负责调换。

定　　价：36. 00 元

前言

2020年9月22日，中国政府在第七十五届联合国大会上宣布，中国将提高国家自主贡献力度，采取更加有力的政策和措施，二氧化碳排放力争于2030年前达到峰值，努力争取2060年前实现碳中和。

2021年2月2日，国务院发布《关于加快建立健全绿色低碳循环发展经济体系的指导意见》，意见指出，全方位全过程推行绿色规划、绿色设计、绿色投资、绿色建设、绿色生产、绿色流通、绿色生活、绿色消费，使发展建立在高效利用资源、严格保护生态环境、有效控制温室气体排放的基础上，统筹推进高质量发展和高水平保护，建立健全绿色低碳循环发展的经济体系，确保实现碳达峰、碳中和目标，推动我国绿色发展迈上新台阶。党的二十大报告指出，推动绿色发展，促进人与自然和谐共生。

碳达峰指碳排放进入平台期后，进入平稳下降阶段。碳中和一般是指国家、企业、产品、活动或个人在一定时间内通过植树造林、节能减排等形式，抵消自身直接或间接产生的二氧化碳或温室气体排放总量，实现正负抵消，达到相对“零排放”。碳达峰与碳中和简称“双碳”。实现碳达峰、碳中和，是着力解决资源环境约束突出问题、实现中华民族永续发展的必然选择，是构建人类命运共同体的庄严承诺。

“碳排放控制技术”是环境类专业的一门基础课程。根据高职高专环境类专业的人才培养要求，本书阐述了温室气体产生的原因及解决方法，运用生态学的原理，开发、利用和保护人类资源、能源，以减少温室气体排放、减少污染，实现清洁生产。本书从污染源入手，以环境法律、法规、标准为基础，防治污染、消除污染，强化环境管理、环境规划和环境影响评价，提高环境保护意识。要求掌握“双碳”目标、温室气体综合防治措施、温室气体的监测方法、低碳固废处理技术、清洁生产与可持续发展，培养能够从事企业环保管理、清洁生产与减排技术实施、清洁生产审核、碳排放核查和合同能源管理等工作的高素质技术技能人才。

本书由辽宁石化职业技术学院季宏祥主编；沈阳市鹏德环境科技有限公司王岩、刘景阳，锦州师范高等专科学校孙萍，锦州市产品质量监督检验所周渊名参编。其中，第一章、第二章由季宏祥编写，第三章由王岩、刘景阳编写，第四章由孙萍编写，第五章由周渊名编写。全书由季宏祥统稿整理，辽宁石化职业技术学院温泉教授主审。

本书提供了多媒体课件PPT，可登录 www.cipedu.com.cn 免费下载。由于编者的水平有限，疏漏之处恳请读者批评指正。

编　者

2024年8月

目录

第一章 概述

学习内容

碳循环过程、温室效应、温室气体的种类、温室气体的监测等知识点；了解自然界碳循环的基本过程。

学习目标

了解温室效应的概念、产生原因和危害；掌握温室气体的种类、来源和危害；掌握大气中二氧化碳、甲烷、氮氧化物、氟化物、臭氧等温室气体的采样方法及测定方法。

素质目标

基本掌握温室效应理论及危害，重点培养团队协作能力、实际动手操作能力等，能够完成大气中温室气体的测定任务。

第一节 碳循环与温室效应

一、碳循环

自然界碳循环的基本过程如下：大气中的二氧化碳（CO_2）被陆地和海洋中的植物吸收，然后通过生物或地质过程以及人类活动，又以二氧化碳的形式返回大气中，见图 1-1。

绿色植物从空气中获得二氧化碳，经过光合作用转化为葡萄糖，再转化为植物体的含碳化合物，经过食物链的传递，成为动物体的含碳化合物。植物和动物的呼吸作用把摄入体内的一部分碳转化为二氧化碳释放入大气，另一部分则构成生物机体或在机体内贮存。动、植物死后，残体中的碳通过微生物的分解作用也转化为二氧化碳而最终排入大气。大气中的二氧化碳这样循环一次约需 20 年。一部分（约千分之一）动、植物残体在被分解之前被沉积物所掩埋而成为有机沉积物。这些沉积物经过漫长的年代，在热能和压力作用下转变成化石燃料——煤、石油和天然气等。当它们在风化过程中或作为燃料燃烧时，其中的碳氧化成为二氧化碳排入大气。人类消耗大量矿物燃料会对碳循环产生重大影响。一方面沉积岩中的碳因自然和人为的各种化学作用分解后进入大气和海洋，另一方面生物体残体以及其他含碳物质又以沉积物的形式返回地壳中，由此构成了全球碳循环的一部分。碳的生物循环虽然对地球环境有着很大的影响，但是从以百万年计的地质时间尺度上来看，缓慢变化的碳的地球化学大循环才是地球环境最主要的控制因素。

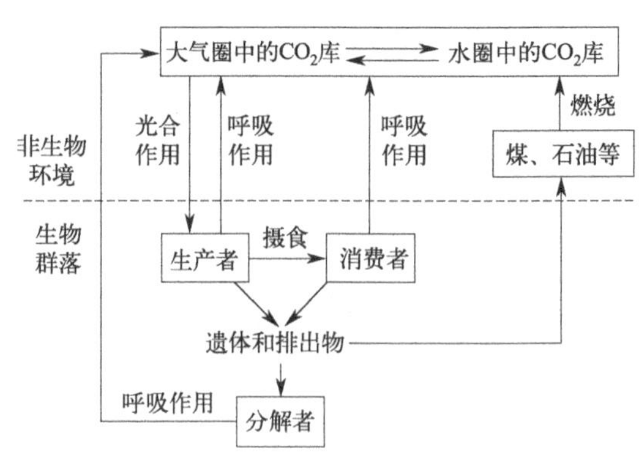

图 1-1　地球上的碳循环

大气中的二氧化碳溶解在雨水和地下水中，形成碳酸，碳酸能把石灰岩变为可溶态的碳酸氢盐，并被河流输送到海洋中。海水中接纳的碳酸盐和重碳酸盐含量是饱和的，新输入的碳酸盐便等量沉积下来。通过不同的成岩过程，又形成石灰岩、白云石和碳质页岩。在化学作用和物理作用（风化）下，这些岩石被破坏，所含的碳又以二氧化碳的形式释放入大气中。火山爆发也可使一部分有机碳和碳酸盐中的碳再次加入碳的循环。碳质页岩的破坏，在短时期内对碳循环的影响虽不大，但对于维持几百万年中碳量的平衡却是至关重要的。

人类燃烧矿物燃料以获得能量时，产生大量的二氧化碳，其结果是大气中二氧化碳浓度逐年升高，破坏了自然界原有的平衡，可能导致气候异常。矿物燃料燃烧生成并排入大气的二氧化碳有一小部分可被海水溶解，但海水中溶解态二氧化碳的增加又会引起海水中酸碱平衡和碳酸盐溶解平衡的变化。矿物燃料的不完全燃烧会产生少量的一氧化碳，某些自然过程也会产生一氧化碳。一氧化碳在大气中存留时间很短，主要是被土壤中的微生物所吸收，也可通过一系列化学或光化学反应转化为二氧化碳。

二、温室效应

温室效应是指透射阳光的密闭空间由于与外界缺乏热对流而形成的保温效应，即太阳短波辐射可以透过大气射入地面，而地面增温后放出的长波辐射却被大气中的二氧化碳等物质所吸收，从而对地球起到保温作用的现象。如果没有大气，地表平均温度就会下降到－23℃，而实际地表平均温度为 15℃，也就是说温室效应使地表温度提高 38℃。大气中的二氧化碳浓度增加，阻止地球热量的散失，使地球发生可感觉到的气温升高，这就是著名的“温室效应”，见图 1-2。

宇宙中的任何物体都辐射电磁波，物体温度越高，辐射的波长越短。太阳表面温度约 6000K，它发射的电磁波长很短，称为太阳短波辐射（其中包括从紫到红的可见光）。地面在接受太阳短波辐射而增温的同时，也时时刻刻向外辐射电磁波而冷却。地球发射的电磁波因为温度较低而波长较长，称为地面长波辐射。短波辐射和长波辐射在经过地球大气时的遭遇是不同的：大气对太阳短波辐射几乎是透明的，却强烈吸收地面长波辐射。大气在吸收地面长波辐射的同时，也向外辐射波长更长的长波辐射（因为大气的温度比地面更低）。其中向下到达地面的部分称为逆辐射。地面接收逆辐射后就会升温，或者说大气对地面起到了保温作用。这就是大气温室效应的原理。

由于大气的存在，地表的辐射平衡温度比它不存在时的辐射平衡温度要高得多。大气的

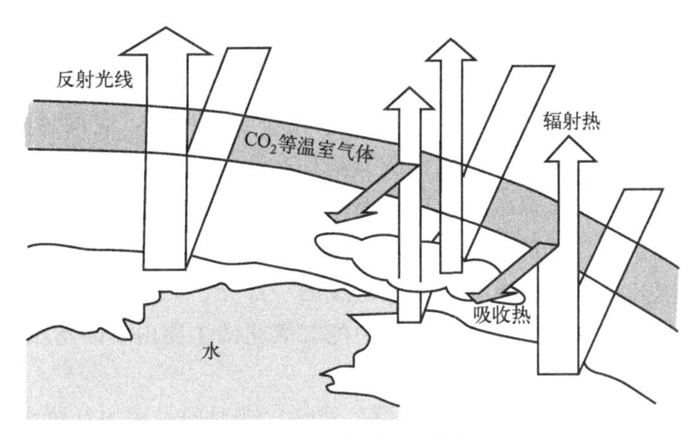

图 1-2　温室效应示意图

这种增强向下辐射的作用与温室玻璃屋顶和四壁的作用有相似之处。但实际上大气的保暖作用与玻璃温室不尽相同，玻璃还有隔绝空气流动、减少室内外对流热交换的作用，因而有人建议改称为大气效应。引起温室效应的主要因子有大气中的水汽、二氧化碳和云，其中最主要的是云。所以在多云和高湿的热带地区，大气的温室效应较强；而在干燥的极地和沙漠地区，大气的温室效应则较弱。由于二氧化碳在大气中的含量不断增加，它所引起的温室效应越来越被人们所重视。当前大气中痕量气体如甲烷、氮氧化物也可产生温室效应，且痕量气体的浓度近年来增加很快，估计将来产生的影响可能达到甚至超过 CO_2 的影响。所以人们把 CO_2 与痕量气体合称“温室气体”，即产生温室效应的气体。

第二节　温室气体的来源和温室效应的危害

一、温室气体的种类和来源

温室气体指的是大气中能吸收地面反射的长波辐射并重新发射辐射，使地球变得更温暖，形成温室效应的气体总称。温室气体之所以能够形成温室效应，是由于其本身具有吸收红外线（一种热辐射）的能力。这种能力是由温室气体本身分子的结构特性所决定的，分子中存在非极性共价键和极性共价键，分子也分为极性分子和非极性分子。分子极性的强弱可以用偶极矩 μ 来表示，只有偶极矩发生变化的振动才能引起可观测的红外吸收光谱，则拥有偶极矩的分子就是红外活性的；而 $\Delta\mu=0$ 的分子振动不能产生红外振动吸收光谱，则是非红外活性的。也就是说，温室气体是具有偶极矩变化的红外活性分子，所以才具有吸收红外线、保存红外热能的能力。

大气中主要的温室气体有水汽（H_2O）、二氧化碳（CO_2）、臭氧（O_3）、甲烷（CH_4）、一氧化二氮（N_2O）、全氟碳化物（PFCs）、氢氟碳化物（HFCs）、含氢氯氟烃（HCFCs）、六氟化硫（SF_6）、三氟化氮（NF_3）等。由于水蒸气及臭氧的时空分布变化较大，因此在进行减量措施规划时，一般都不将这两种气体纳入考虑范围。

1997 年 12 月在日本京都制定的《联合国气候变化框架公约的京都议定书》规定，控制的 6 种温室气体为：CO_2、CH_4、N_2O、HFCs、PFCs、SF_6。后来将 NF_3 添加到了进行监管的温室气体之列。

我国现行的《工业企业温室气体排放核算和报告通则》（GB/T 32150—2015）规定，需要控制的温室气体有 7 种：CO_2、CH_4、N_2O、HFCs、PFCs、SF_6、NF_3。

1．二氧化碳

大气中的二氧化碳是植物光合作用合成碳水化合物的原料，它的增加可以增加光合产物，无疑对农业生产有利。同时，二氧化碳又是具有温室效应的气体，对地球热量平衡有重要影响，因此它的增加又通过影响气候变化而影响农业。总的温室效应中二氧化碳的作用约占一半，其余为其他微量气体的作用。

在自然界中二氧化碳含量丰富，为大气组成的一部分。二氧化碳也包含在某些天然气或油田伴生气以及碳酸盐形成的矿石中。大气中的二氧化碳主要由含碳物质燃烧和生物的新陈代谢产生，主要来源有以下几方面。

① 有机物（包括动植物）在分解、发酵、腐烂、变质的过程中释放出二氧化碳。

② 石油、煤炭、天然气等的燃烧过程及生产过程中释放出二氧化碳。

③ 生物在呼吸过程中吸收氧气呼出二氧化碳。

④ 一切工业生产、城市运转、交通等都会排放二氧化碳。

大气中二氧化碳的含量随工业化进程在世界范围内逐渐增加。200 多年前大气中二氧化碳含量（体积分数）约为 280×10^{-6}，而 2015 年世界气象组织全球大气监测网的多个监测站测得大气中二氧化碳浓度均已超过了 400×10^{-6} 这一阈值。

2021 年 6 月 7 日，美国国家海洋和大气管理局宣布，2021 年 5 月地球大气中的二氧化碳浓度的平均值达到了 419×10^{-6}，为 450 多万年来的最高水平。这一测量结果是由美国国家海洋和大气管理局和斯克里普斯海洋研究所在夏威夷莫纳罗亚火山顶上一个观测站记录的大气数据的月平均数。美国国家海洋和大气管理局的专家们分析认为，地球大气层二氧化碳浓度上次达到这一数值的时间，还在 410 万～450 万年之前的上新世时期，当时导致地球的海平面比现在要高出 20m 左右。如果现在发生这样的事情，那意味着地球上的冰川将全部融化完毕，地球的陆地面积将大幅度减少，地球平均温度将上升 10℃，热带地区不再适合人类生存，不过高原和高纬度地区气候有可能变得温暖湿润。

图 1-3 表示的是地球从 1960 年到 2020 年每月二氧化碳的平均浓度变化，可以看出，地球上的二氧化碳浓度在迅速升高，从 1960 年的 277×10^{-6} 急速升高到 2020 年的 412×10^{-6}，升高幅度达到 48%。

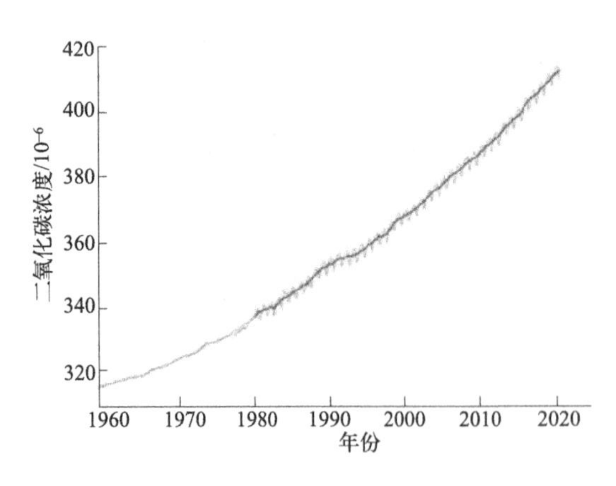

图 1-3　1960—2020 年每月二氧化碳的平均浓度变化

（资料来源：美国国家海洋和大气管理局全球监测实验室）

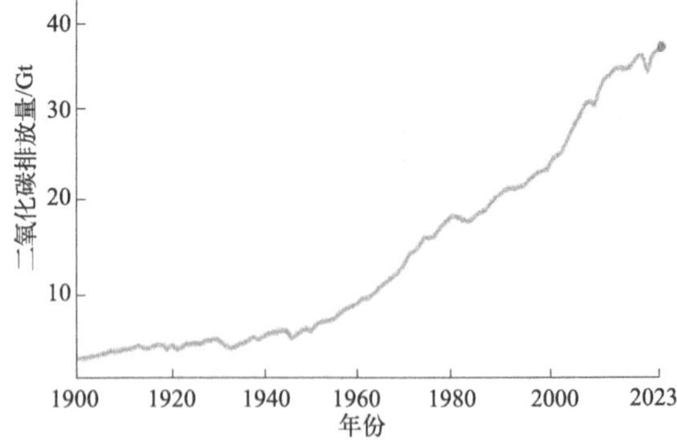

图 1-4　全球 1900—2023 年二氧化碳的排放量

[资料来源：国际能源署（IEA），CO_2 emissions in 2023]

图 1-4 是全球从 1900 年到 2023 年二氧化碳排放量曲线变化图，可以看出 1940 年之后，二氧化碳排放量进入了快速上升的状态，2023 年，全球能源燃烧和工业过程所产生的二氧化碳排放量增长了 1.1%，总量达到 37.4Gt，为历史最高水平。

如今的二氧化碳排放主要是来自人类对煤和石油等化石燃料的使用。大气中二氧化碳浓度增加的另一个主要原因是砍伐树木作燃料。森林原是大气碳循环中一个主要的“库”，每平方米森林可以吸收 1～2kg 的二氧化碳。据联合国粮农组织（FAO）数据，1990—2020 年，世界已经失去了 1.78 亿公顷（4%）的森林净面积，相当于利比亚国土面积，2010—2020 十年间全球森林净损失率稍微下降，但是每年也达近 470 万公顷，其中约有一半作为薪柴烧掉，由此造成的二氧化碳质量分数增加量非常惊人。据估计，森林每年吸收全球约 30%的碳排放量，成为陆地上最大和最重要的碳汇。如果将此与森林砍伐占每年温室气体排放量的 12%左右的事实相结合，森林保护的重要性就变得更加明显。

2. 甲烷（CH_4）

甲烷是天然气的主要成分，是一种洁净的能源气体，同时它是一种重要的温室气体，其吸收红外线的能力是二氧化碳的 26 倍左右，其温室效应要比二氧化碳高出 22 倍，占整个温室气体贡献量的 15%，其中空气中的含量约为 2×10^{-6}。

甲烷是在缺氧环境中由产甲烷细菌或生物体腐败产生的，沼泽地每年会产生 150Tg、消耗 50Tg，稻田产生 100Tg、消耗 50Tg，牛羊等牲畜消化系统的发酵过程产生 100～150Tg，生物体腐败产生 10～100Tg，合计每年大气层中的甲烷含量会净增 350Tg 左右。甲烷在大气中存在的平均寿命为 8 年。

3. 一氧化二氮（N_2O）

一氧化二氮是一种危险化学品，气体呈无色有甜味，是一种氧化剂，在一定条件下能支持燃烧，但在室温下稳定，有轻微麻醉作用，并能致人发笑。其麻醉作用于 1799 年由英国化学家汉弗莱·戴维发现。

与二氧化碳相比，虽然 N_2O 在大气中的含量很低，属于痕量气体，但其单分子增温潜势却是二氧化碳的 298 倍，对全球气候的增温效应在未来将越来越显著，N_2O 浓度的增加已引起科学家的极大关注。

大气 N_2O 的重要来源之一是农田生态系统。在土壤中，N_2O 由硝化、反硝化微生物产生。人们向农田中施入过量氮肥，促进微生物活动，通过硝化、反硝化过程使氮素转化为 N_2O。工业上的排放则以使用氮元素的化工生产为主，如生产硝酸、己二酸等。污水生物脱氮的硝化和反硝化过程也会引起一氧化二氮的排放，溶解氧的限制、亚硝酸盐的积累和羟胺的氧化都是导致一氧化二氮产生的原因。

一氧化二氮在大气层中的存在寿命是 150 年左右，尽管在对流层中是惰性气体，但是可以利用太阳辐射的光解作用在同温层中将其 90%分解，剩下的 10%可以和活跃的氧原子 O（^{1}D）反应而消耗掉。即便如此，大气层中的 N_2O 仍以每年 0.5～3Tg 的速度净增。

$$N_2O \xrightarrow{h\nu} N_2 + O(^1D)$$

$$N_2O + O(^1D) \longrightarrow N_2 + O_2$$

$$N_2O + O(^1D) \longrightarrow 2NO$$

4. 氢氟碳化物（HFCs）

氢氟碳化物是大多数冷却技术的基础原料，广泛用于冰箱、空调的制冷剂，作为替代氯氟烃（CFCs）的第三代制冷剂，制暖效应较明显。1987年《关于消耗臭氧层物质的蒙特利尔议定书》中提出要逐步淘汰氯氟烃和其他耗臭氧物质的使用，结果导致了氢氟碳化物的广泛应用。不幸的是，氢氟碳化物的升温潜力是二氧化碳的11700倍。

2016年10月通过的《〈关于消耗臭氧层物质的蒙特利尔议定书〉基加利修正案》（以下简称《基加利修正案》）将氢氟碳化物纳入管控范围。美国环保署表示，这项新规定将有助于美国在未来30年里，避免相当于46亿吨二氧化碳的排放量。

我国于2021年6月17日向联合国正式交存了《基加利修正案》接受文书，修正案于2021年9月15日开始对我国生效，我国成为该修正案第122个缔约方。

5. 全氟碳化物（PFCs）

全氟碳化物是指化合物分子中与碳原子连接的氢原子全部被氟原子所取代的一类有机化合物，主要包括全氟羧酸类（PFCAs）、全氟磺酸类（PFSAs）、全氟磺酰胺类（PFASs）和全氟调聚醇类（FTOHs）等，被广泛应用于纺织、润滑剂、表面活性剂、食品包装、不粘锅特氟龙涂层（Teflon涂层）、电子产品、防火服、灭火泡沫等。

PFCs的化学性质极为稳定，能够经受高温加热、光照、化学作用、微生物作用和高等脊椎动物的代谢作用。早在20世纪60年代就有关于人体血清中发现PFCs的报道。自那以后，环境和生物基质中PFCs的含量越来越受到学术界的关注。由于PFCs具有远距离传输能力，因此污染范围十分广泛。全世界范围内被调查的环境和生物样品中都存在典型PFCs，即全氟辛酸（PFOA）和全氟辛烷磺酸（PFOS）的污染踪迹，甚至在人迹罕至的北极地区和我国青藏高原的野生动物体内，都发现了PFCs。

PFCs最有名且应用于各领域最多的是塑料——聚四氟乙烯（PTFE），较为知名的商品名为Teflon（特氟龙）。Teflon于1938年由美国杜邦公司发现，它是由四氟乙烯聚合而成，主要的特性是耐化学性好、工作性/加工性优异、耐热性能好（－200～260℃）以及高润滑性，因此PTFE被应用在许多工业领域，例如，作为润滑剂和降低摩擦的添加剂，作为涂料的成分，作为家用器具的涂料成分（如锅具类），作为医学上被植入物的涂层以预防人体排斥，等等。

在进行废弃处理时，燃烧全氟聚合物（热裂解）除了会产生氢氟酸（HF），还会产生许许多多的PFCs，这些物质能进入大气或人体中，有些PFCs会破坏臭氧层，所以它们被认定为温室气体。

6. 六氟化硫（SF_6）

六氟化硫是一种无机化合物，常温常压下为无色、无臭、无毒、不燃的稳定气体，分子量为146.055，在20℃和0.1MPa时密度为6.0886kg/m^3，约为空气密度的5倍。六氟化硫分子结构呈八面体排布，键合距离小、键合能高，因此其稳定性很高，在温度不超过180℃时，它与电气结构材料的相容性和氮气相似。

SF_6气体已有百年历史，它是法国两位化学家莫瓦桑和勒博于1900年合成的人造惰性气体，1940年前后，美国军方将其用于曼哈顿计划（核军事）。

SF_6是强电负性气体，它的分子极易吸附自由电子而形成质量大的负离子，削弱气体中碰撞电离过程，因此其电气绝缘强度很高，在均匀电场中绝缘强度约为空气的2.5倍。SF_6气体在约2000K时出现热分解高峰，因此在交流电弧电流过零时，SF_6对弧道的冷却作用比空气强得多，其灭弧能力约为空气的100倍。SF_6气体绝缘的全封闭开关设备比常规的敞开式高压配电装置占地面积小得多，且其运行不受外界气象和环境条件的影响，所以从20

世纪 60 年代中期起，不仅广泛用于超高压和特高压电力系统，而且已开始用于配电网络（SF_6 气体绝缘的开关柜和环网供电单元）。主要应用有：在光纤制备中用作生产掺氟玻璃的氟源，在制造低损耗优质单模光纤中用作隔离层的掺杂剂，用作氮准分子激光器的掺加气体，在气象、环境监测及其他部门用作示踪剂、标准气或配制标准混合气，还可用于粒子加速器及避雷器中。

7. 三氟化氮（NF_3）

在常温常压下，三氟化氮是一种无色、无臭、性质稳定的液化气体，沸点为－129℃，熔点为－206.8℃。高纯度的三氟化氮几乎没有气味，是一种热力学稳定的氧化剂。它在大约 350℃的温度下会分解成为二氟化氮和氟气，故其反应性质类似于氟。作为一种强氧化剂，该气体受热或与火焰、电火花、有机物等接触可燃烧，甚至爆炸；与易燃物（如苯）和可燃物（如糖、纤维）接触会发生剧烈反应，甚至引起燃烧；与还原剂能发生强烈的反应，引起燃烧爆炸。因此，生产、储存、运输和使用三氟化氮时需格外小心。

三氟化氮可以在集成电路板上“蚀刻”出只有几十纳米的线槽，使电子产品的核心部件能够越做越小，手机、电脑、MP3 等各种数码产品的体积因此变得小巧。三氟化氮不仅能够作为刻蚀气，而且还可以作为清洗气。在生产液晶显示器时，周围环境会有一些杂质，这些杂质用常规办法很难清理干净，这时三氟化氮可以“大显身手”，它的强氧化性使其能与接触到的物质发生化学反应，起到彻底清除杂质的效果，为液晶显示器的生产创造近乎零污染的环境。

1960 年，三氟化氮作为一种实验火箭燃料首次得到应用。随后，它被用于美国星球大战导弹防御系统的化学激光。进入 21 世纪，随着全球半导体工业的迅猛发展，三氟化氮的需求量急剧上升，世界生产商如美国的空气产品公司、日本的三井化学公司等纷纷扩大了产能。

我国对三氟化氮的研究生产是从 20 世纪 80 年代开始的，最早仅用于国防工业，产量较小。随着经济的发展，三氟化氮产业化的研究迅猛发展，同时电子工业用三氟化氮的问世使生产线相继投产，其制造水平已与发达国家相当。目前，三氟化氮在电视机和电脑的液晶显示器、半导体以及人造钻石的生产过程中被大量使用。

虽然三氟化氮在当今的电子工业中不可或缺，但研究发现它是一种可怕的温室气体。其存储热量的能力约是二氧化碳的 1.7 万倍。虽然在使用、运输和配制三氟化氮过程中，只有大约 2%的三氟化氮会排入大气，但三氟化氮拥有导致全球变暖的强大潜力。更为可怕的是，三氟化氮在大气中稳定存在的时间太长，几乎达 550～740 年之久，很难依靠生态循环来消除。因此，它在大气中的总量会不断积累，由此造成的危害也会相应积累，这意味着在不远的将来三氟化氮排放极有可能变成非常严重的环境威胁。

二、温室效应的危害

如果大气中温室气体增多，则过多的能量被保留在大气中而不能正常地向外太空辐射，这样就会使地球表面和大气的平均温度升高，形成温室效应，对整个地球的气候、生态平衡、人类生活都将带来巨大的影响。

1. 对全球气候的影响

气候变化及其影响是多尺度、全方位、多层次的，正面和负面影响并存，但负面影响更受关注。全球变暖对许多地区的气候和自然生态系统已经产生了影响，如气候异常、海平面升高、冰川退缩、冻土融化、河（湖）冰迟冻与早融、中高纬生长季节延长、动植物分布范围向极区和高海拔区延伸、某些动植物数量减少、一些植物开花期提前等。

水蒸气为含量最大的温室气体，其受高度、纬度的影响较大，受水域和季风的气候影响也较大。绝对湿度大的海洋性气候受人工排放的温室气体影响不明显，海拔较高、高纬度、干旱地区等绝对湿度较小的地区受人工温室气体的影响较大。例如，中国的天山山脉处于内陆高海拔地区，雪线明显上移；美国、欧洲等地区湿度较大，人工温室气体加速水汽对流反而造成极端的低温和高温天气。若没有水蒸气的影响，人工温室气体总体会造成温度上升，但水蒸气的存在使得大气湍流增加、气候趋于极端。

二氧化碳增加虽然有利于增加绿色植物的光合产物，但其引起的气温和降水变化，会影响和改变气候生产潜力，从而改变生态系统的初级生产力和农业的土地承载力。这种因气候变化而对生态系统和农业产生的间接影响，可能大大超过二氧化碳本身对光合作用的直接影响。按照气候模拟试验的结果，二氧化碳含量加倍以后，可能造成热带扩展，副热带、暖热带和寒带缩小，寒温带略有增加，草原和荒漠的面积增加，森林的面积减少。二氧化碳含量和气候变化可能影响到农业的种植决策、品种布局和品种改良、土地利用、农业投入和技术改进等一系列问题。因此在制定国家的发展战略和农业的长期规划时，应该考虑到二氧化碳增加可能导致的气候和环境的变化背景。

科学家们研究以计算机模型模拟数十年后的气候，最艰难的部分在于估计气温升高3℃对亚马孙雨林形成的冲击。由于全球有20%的氧气都是由这座雨林产生的，人们想预知将来的气候变化对热带雨林的影响，特别是亚马孙雨林，因为其从环境生态和经济各方面来看都极具重要性。气候模型得出的预测结果令人担忧。气温升高3℃可能造成严重的恶性循环，导致全球变暖加剧，可能使地球上最湿润的这片地区变成一片荒地。

2. 对生态系统的影响

全球气候变暖将严重威胁生物多样性，因为生命体无法承受这种快速的巨大变化。过去的200万年中，地球就经历了10个暖、冷交替的循环。在暖期，两极的冰帽融化，海平面比现在要高，物种分布向极地延伸，并迁移到高海拔地区。相反，在冷期冰帽扩大，海平面下降，物种向着赤道的方向和低海拔地区移动。无疑，许多物种会在这个反复变化的过程中走向灭绝，现存物种就是在这些变化后生存下来的。物种能够适应过去的变化，但它们能否适应由于人类活动而改变的未来气候呢？这是一个悬而未决的问题。但可以肯定的是，由于人为因素造成的全球变暖比过去的自然波动要迅速得多，这种变化对于生物多样性的影响将是巨大的。

气候变暖对温带生物多样性有一定的影响，由于气温持续升高，北温带和南温带气候区将向两极扩展。气候的变化必然导致物种迁移。然而依据自然扩散的速度，许多物种似乎不能以高的迁移速度跟上现今气候的迅速变化。所以，许多分布局限或扩散能力差的物种在迁移过程中无疑会走向灭绝。只有分布范围广泛、容易扩散的种类才能在新的生境中建立自己的群落。

气候变暖对热带雨林生物多样性的影响也很大。热带雨林具有最大的物种多样性，虽然全球温度变化对热带的影响比对温带的影响要小得多，但是，气候变暖将导致热带降雨量及降雨时间的变化，此外森林大火、飓风也将会变得频繁。这些因素对物种组成、植物繁殖时间都将产生巨大影响，从而将改变热带雨林的结构和组成。

气候变暖对沿海湿地和珊瑚礁生物多样性也有较大的影响。湿地和珊瑚礁是生物多样性丰富的生态系统，然而它们也会受到气候变暖的威胁。温度升高会使高山冰川融化和南极冰层收缩。在未来的50～100年中，海平面将升高0.2～0.9m，甚至更高，海平面的升高会淹没沿海地区的湿地群落。海平面的变化是如此之快，以至于许多生物种类来不及随着海水上升迁移到适当的地方。特别是建筑在湿地地区的房屋、道路、防洪大坝等将成为物种迁移的直接障碍。海平面升高对珊瑚礁种类有极大危害，因为珊瑚对海水的光照及水流组合有严格的要求。如果海水按预算的速度升高，即使生长最快的珊瑚也不能适应这种变化。此外，海水温度升高同样会对珊瑚产生极大危害，由此将导致大量的珊瑚沉没以致死亡。

全球变暖还可以改变哺乳类动物的基因。例如，为适应气候的变暖，加拿大的棕红色松鼠已发生了极大的变化，这是人们第一次在哺乳类动物身上发现如此迅速的遗传变化。加拿大阿尔伯塔大学的安德鲁·麦克亚当和他的合作者对北方育空地区的四代松鼠进行10年观察以后指出，现在的雌性松鼠产仔的时间比它们的“曾祖母”提前了18天。发生这一变化的原因是发情时间提前，春天食量的增加有利于幼仔的存活。加拿大科研人员的这一发现验证了一些动物为适应地球变暖而出现的变化情况。

3. 对人类生活的影响

科学家们认为气温再上升2℃，人类在地球上的生活就会彻底改变。到时，全球变暖将进一步加剧，极圈冰层加速融化，融化的冰层又反过来招致变暖加剧。到时全球变暖将产生更加难以预估的连锁反应，将目前减缓全球变暖的众多计划结合起来，或许能防止气温升高2℃这种失控的状况出现。

温室效应可能会引起病毒的威胁。纽约锡拉丘兹大学的研究员曾经指出，早前他们发现一种植物病毒TOMV，由于该病毒在大气中广泛扩散，推断在北极冰层也有其踪迹。于是研究员从格陵兰抽取4块年龄不同的冰块，结果在冰层中发现TOMV病毒。研究员指出该病毒表层被坚固的蛋白质包围，因此可在逆境生存。这项发现令研究员相信，流行性感冒、天花等病毒可能藏在冰块深处，目前生物对这些原始病毒没有抵抗能力，当全球气温上升令冰层融化时，这些埋藏在冰层千年或更久的病毒便可能会复活。科学家表示，虽然尚不知道这些病毒的生存特征，或者其再次适应地面环境的机会，但不能否认病毒有卷土重来的可能性。

第三节　温室气体的监测

一、空气中二氧化碳含量的测定

（一）测定方法

非分散红外吸收法，参考《固定污染源废气　二氧化碳的测定　非分散红外吸收法》（HJ 870—2017）。

（二）原理

二氧化碳气体选择性吸收4.26μm波长红外辐射，在一定浓度范围内，吸收值与二氧化碳的浓度遵循朗伯-比尔定律，根据吸收值可以确定样品中二氧化碳的浓度。

仪器量程值为20%（体积浓度）条件下，本方法的检出限为0.03%（$0.6g/m^3$），测定下限为0.12%（$2.4g/m^3$）。

一氧化碳气体选择性吸收4.67μm波长红外辐射，所以本方法也可以用来测定一氧化碳。

（三）仪器和试剂

① 非分散红外吸收法二氧化碳测定仪。仪器组成包括：分析仪（含气体流量计和流量控制单元、抽气泵、检测器等）、采样管（含滤尘装置、加热及保温装置）、导气管、除湿装

置、便携式打印机等。

性能要求如下。

a. 示值误差：不超过±5%；

b. 系统偏差：不超过±5%；

c. 零点漂移：不超过±3%；

d. 量程漂移：不超过±3%；

e. 具有消除干扰功能；

f. 除湿装置应符合 GB/T 16157 的要求；

g. 具有采样流量显示功能，气体流量计的测量范围和精度应满足仪器要求；

h. 采样管加热及保温温度：120～160℃内可设、可调。

② 塑料铝箔复合薄膜采气袋（0.5L 或 1.0L）。

③ 零气：纯度≥99.99%的氮气。

④ 变色硅胶：在 120℃下干燥 2h。

⑤ 无水氯化钙：分析纯。

⑥ 烧碱石棉：分析纯。

⑦ 二氧化碳标准气体（0.5%）：贮于铝合金钢瓶中。

（四）操作步骤

① 在采样点按照国家标准确定采样位置、采样点及频次。用塑料铝箔复合薄膜采气袋，抽取现场空气冲洗 3～4 次，采气 0.5L 或 1.0L，密封进气口，带回实验室分析。也可以将仪器带到现场间歇进样，或连续测定空气中二氧化碳浓度。

② 启动和零点校准：仪器接通电源后，稳定 30min～1h，将高纯氮气或空气经干燥管和烧碱石棉过滤管后，进行零点校准。

终点校准：用二氧化碳标准气体（如 0.50%）连接在仪器进样口，进行终点刻度校准。零点与终点校准重复 2～3 次，使仪器处在正常工作状态。

③ 将测定仪采样管前端置于排气筒中采样点上，堵严采样孔，使之不漏气。

④ 启动抽气泵，以测定仪规定的采样流量取样测定，待测定仪稳定后，按分钟保存测定数据，取至少连续 5min 测定数据的平均值作为一次测量值。

⑤ 将内装空气样品的塑料铝箔复合薄膜采气袋接在装有变色硅胶或无水氯化钙的过滤器和仪器的进气口相连接，样品被自动抽到气室中，并显示二氧化碳的浓度（单位:%）。

如果将仪器带到现场，可间歇进样测定，并可长期监测空气中二氧化碳浓度。

⑥ 一次测量结束后，依照仪器说明书的规定用零气清洗仪器。

⑦ 取得测量结果后，用零气清洗测定仪；待其示值回到零点附近后，关机断电，结束测定。

（五）数据处理

二氧化碳的浓度按下式计算：

$$\rho = 19.6 \times \omega$$

式中 ρ——标准状态下二氧化碳质量浓度，g/m^3；

ω——仪器测得的二氧化碳体积浓度，%。

体积浓度的结果表示：当二氧化碳浓度小于 1.00%时，结果保留到小数点后 2 位；大于或等于 1.00%时，结果保留 3 位有效数字。

（六）注意事项

① 仪器应在规定的环境温度、环境湿度等条件下工作。

② 测量前，应及时清洁或更换滤尘装置，防止阻塞气路。

③ 测量时，应检查采样管加热系统工作是否正常。

④ 及时排空除湿装置的冷凝水，防止影响测定结果。

⑤ 仪器应具有抗负压能力，保证采样流量不低于其规定的流量范围。

⑥ 室内空气中的非待测组分，如甲烷、一氧化碳、水蒸气等影响测定结果。红外线滤光片的波长为 4.26μm，二氧化碳对该波长有强烈的吸收，而一氧化碳和甲烷等气体不吸收。因此，一氧化碳和甲烷的干扰可以忽略不计。但水蒸气对测定二氧化碳有干扰，它可以使气室反射率下降，从而使仪器灵敏度降低，影响测定结果的准确性，因此，必须使空气样品经干燥后，再进入仪器。

二、空气中甲烷含量的测定

（一）测定方法

直接进样-气相色谱法，参考国家标准 HJ 604—2017。

（二）原理

将气体样品直接注入具氢火焰离子化检测器的气相色谱仪，在甲烷柱上测定空气中甲烷的含量。

当进样体积为 1.0mL 时，测定甲烷的检出限为 0.06mg/m^3，测定下限为 0.24mg/m^3。

（三）仪器和试剂

① 甲烷标准气体：10.0μmol/mol，平衡气为氮气。也可以根据实际工作需要向具资质生产商定制合适浓度标准气体。

② 氮气：纯度≥99.999%。

③ 氢气：纯度≥99.99%。

④ 空气：用净化管净化。

⑤ 标准气体稀释气：高纯氮气或除烃氮气，纯度≥99.999%。

⑥ 采样容器：全玻璃材质注射器，容积不小于 100mL，清洗干燥后备用；气袋材质符合 HJ 732 的相关规定，容积不小于 1L，使用前用除烃空气清洗至少 3 次。

⑦ 真空气体采样箱：由进气管、真空箱、阀门和抽气泵等部分组成，样品经过的管路材质应不与被测组分发生反应。

⑧ 色谱柱。

a. 填充柱：不锈钢或硬质玻璃材质，2m×4mm，内填充粒径 180～250μm（80～60 目）的 GDX-502 或 GDX-104 担体。

b. 毛细管柱：30m×0.53mm×25μm 多孔层开口管分子筛柱或其他等效毛细管柱。

（四）操作步骤

1. 样品采集

环境空气按照 HJ 194 和 HJ 664 的相关规定布点和采样；污染源无组织排放监控点空气

按照 HJ/T 55 或者其他相关标准布点和采样。采样容器经现场空气清洗至少 3 次后采样。以玻璃注射器满刻度采集空气样品，用惰性密封头密封；以气袋采集样品的，用真空气体采样箱将空气样品引入气袋，至最大体积的 80%左右，立刻密封。

2. 运输空白

将注入除烃空气的采样容器带至采样现场，与同批次采集的样品一起运回实验室分析。

3. 样品保存

采集样品的玻璃注射器应小心轻放，防止破损，保持针头端向下状态放入样品箱内保存和运送。

样品常温避光保存，采样后尽快完成分析。玻璃注射器保存的样品，放置时间不超过 8h；气袋保存的样品，放置时间不超过 48h，应在 7d 内测定完成。

4. 参考色谱条件

进样口温度：100℃。

柱温：80℃。

检测器温度：200℃。

载气：氮气，填充柱流量 15～25mL/min，毛细管柱流量 8～10mL/min。

燃烧气：氢气，流量约 30mL/min。

助燃气：空气，流量约 300mL/min。

毛细管柱尾吹气：氮气，流量 15～25mL/min，不分流进样。

进样量：1.0mL。

5. 校准

（1）校准系列的制备　以 100mL 注射器（预先放入一片硬质聚四氟乙烯小薄片）或 1L 气袋为容器，按照 1∶1 的体积比，用标准气体稀释气将甲烷标准气体逐级稀释，配制 5 个浓度梯度的校准系列，该校准系列的浓度分别是 0.625、1.25、2.50、10.0μmol/mol。

校准系列可根据实际情况确定适宜的浓度范围，也可选用动态气体稀释仪配制，或向具资质生产商定制。

（2）绘制校准曲线　从低浓度到高浓度依次抽取 1.0mL 校准系列，注入气相色谱仪，测定甲烷含量。以甲烷的浓度（μmol/mol）为横坐标，以其对应的峰面积为纵坐标，绘制甲烷的校准曲线。

当样品浓度与校准气样浓度相近时可采用单点校准，单点校准气应至少进样 2 次，色谱响应相对偏差≤10%，计算时采用平均值。

（3）标准色谱图　标准色谱图参见国标 HJ 604—2017。

6. 样品测定

按照与绘制校准曲线相同的操作步骤和分析条件，测定样品的甲烷峰面积。

7. 空白试验

运输空白样品按照与绘制校准曲线相同的操作步骤和分析条件测定。

（五）数据处理

样品中甲烷的质量浓度按下式计算：

$$\rho=\varphi\times\frac{16}{22.4}$$

式中 ρ——样品中甲烷的质量浓度，mg/m^3；

φ——从校准曲线或对比单点校准获得的样品中甲烷的浓度，μmol/mol；

16——甲烷的摩尔质量，g/mol；

22.4——标准状态（273.15K，101.325kPa）下气体的摩尔体积，L/mol。

结果也可换算成体积百分数等表达方式。

当测定结果小于 $1mg/m^3$ 时，保留至小数点后两位；当测定结果大于等于 $1mg/m^3$ 时，保留三位有效数字。

（六）注意事项

① 采样容器采样前应使用除烃空气清洁，然后进行检查。每 20 个或每批次（少于 20 个）应至少取 1 个注入除烃空气，室温下放置不少于实际样品保存时间后，按样品测定步骤分析。重复使用的气袋，均须在采样前进行检查。

② 校准曲线的相关系数应大于等于 0.995。

③ 每批样品应至少分析 10% 的实验室内平行样，其测定结果相对偏差应不大于 20%。

④ 每批次分析样品前后，应测定校准曲线范围内有证标准气体，结果的相对误差应不大于 10%。

⑤ 采样容器使用前应充分洗净，经气密性检查合格，置于密封采样箱中以避免污染。

⑥ 样品返回实验室时，应平衡至环境温度后再进行测定。

⑦ 测定复杂样品后，如发现分析系统内有残留时，可通过提高柱温等方式去除，以分析除烃空气确认。

三、空气中氮氧化物含量的测定——盐酸萘乙二胺分光光度法

（一）原理

用冰乙酸、对氨基苯磺酸和盐酸萘乙二胺配成吸收液。空气中的氮氧化物与吸收液中的对氨基苯磺酸进行重氮化反应，再与 *N*-（1-萘基）乙二胺盐酸盐作用，生成粉红色的偶氮染料，于波长 540～545nm 之间，测定吸光度。

（二）仪器和试剂

① 吸收瓶。内装 10mL、25mL 或 50mL 吸收液的多孔玻板吸收瓶。

② 便携式空气采样器。流量范围 0～1L/min。采气流量为 0.4L/min 时，误差小于±5%。

③ 分光光度计。

④ 硅胶管。内径约 6mm。

⑤ *N*-（1-萘基）乙二胺盐酸盐贮备液。称取 0.50g*N*-（1-萘基）乙二胺盐酸盐，溶解后转移至 500mL 容量瓶中，用水稀释至刻度。此溶液贮于密封的棕色瓶中，在冰箱中冷藏，可稳定保存三个月。

⑥ 显色液。称取 5.0g 对氨基苯磺酸（$NH_2C_6H_4SO_3H$）溶于约 200mL40～50℃热水中，将溶液冷却至室温，全部移入 1000mL 容量瓶，加入 50mL 冰乙酸和 50mL *N*-（1-萘基）乙二胺盐酸盐贮备液，用水稀释至刻度。此溶液贮于密闭的棕色瓶中，在 25℃以下暗处存放，可稳定三个月。若呈现淡红色，应弃之重配。

⑦ 吸收液。使用时将显色液和水按 4∶1（体积比）比例混合，即为吸收液。此溶液贮于密闭的棕色瓶中，在 25℃以下暗处存放，可稳定三个月。

⑧ 亚硝酸盐标准贮备液：250mg/L。准确称取 0.3750g 亚硝酸钠（$NaNO_2$，优级纯，预先在干燥器内放置 24h），移入 1000mL 容量瓶中，用水稀释至标线。此溶液贮于密闭棕色瓶中于暗处存放，可稳定保存三个月。

⑨ 亚硝酸盐标准工作溶液：2.50mg/L。用亚硝酸盐标准储备溶液稀释，临用前现配。

（三）操作步骤

1. 采样

取一支多孔玻板吸收瓶，装入 10.0mL 吸收液，以 0.4L/min 流量采气 6～24L。采样、样品运输及存放过程应避免阳光照射。空气中臭氧质量浓度超过 0.25mg/m^3 时，吸收液略显红色，对二氧化氮的测定产生负干扰。采样时在吸收瓶入口端串接一段 15～20cm 长的硅胶管，可以将臭氧浓度降低到不干扰二氧化氮测定的水平。

2. 标准曲线的绘制

取 6 支 10mL 具塞比色管，按表 1-1 制备标准色列。

表 1-1 标准色列的配制

项目	管号					
	0	1	2	3	4	5
标准工作溶液/mL	0.00	0.40	0.80	1.20	1.60	2.00
水/mL	2.00	1.60	1.20	0.80	0.40	0.00
显色液/mL	8.00	8.00	8.00	8.00	8.00	8.00
NO_2^- 质量浓度/(μg/mL)	0.00	0.10	0.20	0.30	0.40	0.50

各管混匀，于暗处放置 20min（室温低于 20℃时，应适当延长显色时间。如室温为 15℃时，显色 40min），用 10mm 比色皿，以水为参比，在波长 540nm 处，测量吸光度。扣除空白试验的吸光度后，对应 NO_2^- 的质量浓度（μg/mL），用最小二乘法计算标准曲线的回归方程。

3. 样品测定

采样后放置 20min（气温低时，适当延长显色时间。如室温为 15℃时，显色 40min），用水将采样瓶中吸收液的体积补充至标线，混匀，以水为参比，在 540nm 处测量其吸光度和空白试验样品的吸光度。

若样品的吸光度超过标准曲线的上限，应用空白试验溶液稀释，再测其吸光度。

（四）数据处理

二氧化氮的质量浓度 ρ_{NO_2}（mg/m^3）用下式计算：

$$\rho_{NO_2}(\mathrm{mg/m^3})=\frac{(A-A_0-a)VD}{bfV_0}$$

式中 A——样品溶液的吸光度；

A_0——空白试验溶液的吸光度；

b——标准曲线的斜率，吸光度 · mL/μg；

a——标准曲线的截距；

V——采样用吸收液体积，mL；

D——样品的稀释倍数；

V_0——换算为标准状态（273K、101.3kPa）下的采样体积，L；

f——Saltzman实验系数，0.88（当空气中二氧化氮质量浓度高于0.720mg/m^{3}时，f值为0.77）。

应注意吸收液应避光，不能长时间暴露在空气中，以防止光照使吸收液显色或吸收空气中的氮氧化物而使试剂空白液吸光度增高；亚硝酸钠应妥善保存，防止在空气中氧化成硝酸钠；氧化管若颜色变化，及时更换。

（五）注意事项

① 采样后应尽快测量样品的吸光度，若不能及时分析，应将样品于低温暗处存放。样品于30℃暗处存放，可稳定8h；于20℃暗处存放，可稳定24h；于0～4℃冷藏，至少可稳定3d。

② 空白试验与采样使用的吸收液应为同一批配制的吸收液。

四、空气中氮氧化物含量的测定——化学发光法

（一）原理

样品空气分成两路，一路直接进入反应室，测定一氧化氮；另一路通过转换器将二氧化氮转化为一氧化氮后进入反应室，测定氮氧化物。反应室内的一氧化氮被过量臭氧氧化形成激发态的二氧化氮分子，返回基态过程中发光，在一定浓度范围内样品中一氧化氮的浓度与光强成正比。二氧化氮的浓度通过氮氧化物和一氧化氮的浓度差值进行计算。

在测定过程中，钼催化转换器除了能将二氧化氮转化为一氧化氮外，也会将氨等气态含氮化合物部分或完全转化为一氧化氮，对测定结果产生正干扰。

（二）仪器和试剂

① 零气：零气由零气发生装置产生，也可由零气钢瓶提供，零气的性能指标应符合HJ 654的要求。如果使用合成空气，其中氧的浓度应为合成空气的（20.9±2.0）%。

② 标准气体：一氧化氮有证标准物质，单位为μmol/mol。

③ 滤膜：材质为聚四氟乙烯，孔径≤5μm。

④ 进样管路：应为不与氮氧化物发生化学反应的聚四氟乙烯、氟化聚乙烯丙烯、不锈钢或硼硅酸盐玻璃等材质。

⑤ 颗粒物过滤器：安装在采样总管与仪器进样口之间。颗粒物过滤器除滤膜外的其他部分应为不与氮氧化物发生化学反应的聚四氟乙烯、氟化聚乙烯丙烯、不锈钢或硼硅酸盐玻璃等材质。仪器如有内置颗粒物过滤器，则不需要外置颗粒物过滤器。

⑥ 氮氧化物测定仪：分为双反应室双检测器型、双反应室单检测器型和单反应室单检测器型，性能指标应符合国家标准HJ 654的要求。

（三）操作步骤

1.仪器的安装调试

新购置的仪器安装后应依据操作手册设置各项参数，进行调试。调试指标包括零点噪

声、最低检出限、量程噪声、示值误差、量程精密度、24h零点漂移和24h量程漂移，调试的检测方法和指标按照 HJ 193 执行。

2. 检查

仪器运行过程中需要进行零点检查、量程检查、线性检查和转换器转换效率检查，检查方法按照 HJ 818 中附录 B 执行。如果检查结果不合格，需对仪器进行校准，必要时对仪器进行维修。

仪器维修完成后，应进行线性检查，并对仪器进行重新校准。

3. 仪器校准

① 将零气通入仪器，读数稳定后，调整仪器输出值等于零。

② 将浓度为量程 80%的标准气体通入仪器，读数稳定后，调整仪器输出值等于标准气体浓度值。

4. 样品的测定

将样品空气通入仪器，进行自动测定并记录一氧化氮和氮氧化物的体积浓度。

（四）数据处理

当用于环境空气质量监测、无组织排放监测或室内空气质量监测时，应分别按照相应质量标准和排放标准要求的状态进行结果计算。

一氧化氮、二氧化氮和氮氧化物（结果以二氧化氮计）的质量浓度，分别按照式(1-1)、式(1-2)、式(1-3) 进行计算。

$$\rho_{(NO)}=\frac{30}{V_m}\times\varphi_{(NO)} \tag{1-1}$$

式中 $\rho_{(NO)}$——一氧化氮质量浓度，$\mu g/m^3$；

30——一氧化氮摩尔质量，g/mol；

V_m——一氧化氮摩尔体积，标准状态下为 22.4，参比状态下为 24.5，L/mol；

$\varphi_{(NO)}$——一氧化氮体积浓度，nmol/mol。

$$\rho_{(NO_2)}=\frac{46}{V_m}\times\left(\frac{\varphi_{(NO_x)}-\varphi_{(NO)}}{\eta}\right) \tag{1-2}$$

式中 $\rho_{(NO_2)}$——二氧化氮质量浓度，$\mu g/m^3$；

46——二氧化氮摩尔质量，g/mol；

V_m——二氧化氮摩尔体积，标准状态下为 22.4，参比状态下为 24.5，L/mol；

$\varphi_{(NO_x)}$——氮氧化物体积浓度，nmol/mol；

$\rho_{(NO)}$——一氧化氮体积浓度，nmol/mol；

η——二氧化氮的转换效率，当 $\eta\geqslant98\%$时，$\eta=1$，当 $96\%\leqslant\eta<98\%$时，η 为实际的转换效率。

$$\rho_{(NO_x)}=\frac{46}{V_m}\times\varphi_{(NO_x)} \tag{1-3}$$

式中 $\rho_{(NO_x)}$——氮氧化物质量浓度，$\mu g/m^3$；

46——二氧化氮摩尔质量，g/mol；

V_m——氮氧化物摩尔体积，标准状态下为 22.4，参比状态下为 24.5，L/mol。

$\varphi_{(NO_x)}$ ——氮氧化物体积浓度，nmol/mol。

测定结果保留整数位，用于空气质量评价的监测数据统计方法按照 HJ 663 执行。

（五）注意事项

① 仪器零点检查、量程检查、线性检查、流量检查、转换效率检查、校准的频次和指标按照 HJ 818 执行。

② 颗粒物过滤器的滤膜支架每半年至少清洁一次；滤膜一般每两周更换一次，颗粒物浓度较高地区或浓度较高时段，应视滤膜实际污染情况加大更换频次。

③ 进样管路每月应进行气密性检查，每半年清洗一次，必要时更换。

④ 更换采样系统部件和滤膜后，应以正常流量采集至少 10min 样品空气，进行饱和吸附处理，期间产生的测定数据不作为有效数据。该处理过程也可以在实验室内进行。

⑤ 过量的臭氧应通过活性炭去除。

⑥ 硫化物和羰基化合物会降低钼催化转换器转换效率，当转换器（钼催化）转换效率 $<96\%$时，应立即更换钼催化剂。

五、空气中氟化物含量的测定

（一）测定方法

滤膜采样/氟离子选择电极法，参考《环境空气　氟化物的测定　滤膜采样/氟离子选择电极法》（HJ 955—2018）。

（二）原理

环境空气中气态和颗粒态氟化物通过磷酸氢二钾浸渍的滤膜时，氟化物被固定或阻留在滤膜上，滤膜上的氟化物用盐酸溶液浸溶后，用氟离子选择电极法测定，溶液中氟离子活度的对数与电极电位呈线性关系。

或者使用滤筒、氢氧化钠溶液为吸收液采集氟化物，滤筒捕集尘氟和部分气态氟。用盐酸溶液浸溶后制备成试样，用氟离子选择电极测定；当溶液的总离子强度为定值而且足够大时，其电极电位与溶液中氟离子活度的对数成线性关系。

（三）仪器和试剂

1. 试剂

所用试剂除另有说明外均为分析纯试剂，所用水为去离子水。

① 盐酸（HCl）：$\rho=1.19$g/mL。

a. 0.25mol/L：取 21.0mL 盐酸用水稀释到 1000mL；

b. 1.0moI/L：取 84.0mL 盐酸用水稀释到 1000mL。

② 氢氧化钠（NaOH）。

a. 0.3mol/L：将氢氧化钠 12g 溶于水并稀释至 1000mL，作为吸收液；

b. 5mol/L：将氢氧化钠 100g 溶于水并稀释至 500mL；

c. 1.0mol/L：将氢氧化钠 40g 溶于水并稀释至 1000mL 或量取 200mL 5mol/L 氢氧化钠溶液，加水稀释至 1000mL。

③ 柠檬酸钠（$Na_3C_6H_5O_7\cdot 2H_2O$）。

④ 氯化钠（NaCl）。

⑤ 乙酸：ω（CH_3COOH）≥99.5%。

⑥ 六亚甲基四胺（$C_6H_{12}N_4$）。

⑦ 硝酸钾（KNO_3）。

⑧ 钛铁试剂（$C_6H_4Na_2O_8S_2 \cdot H_2O$）。

⑨ 磷酸氢二钾（$K_2HPO_4 \cdot 3H_2O$）。

⑩ 氟化钠（NaF）：优级纯，经110℃烘干2h，干燥冷却。

⑪ 氟标准贮备液：1.000mg/mL。称取0.2210g氟化钠溶解于水，移入100mL容量瓶中，用水定容至标线，贮存于聚乙烯瓶中。在冰箱内保存，临用时放至室温再用。

⑫ 氟标准使用溶液：10μg/mL。移取10.0mL氟化钠标准贮备液至1000mL容量瓶中，用水定容至标线，临用现配，贮存于聚乙烯瓶中。

⑬ 溴甲酚绿指示剂：0.1g/100mL。称取100mg溴甲酚绿于研钵中，加少量1+4（体积比）乙醇研细，移入100mL容量瓶中，用1+4（体积比）乙醇定容至标线。

⑭ 总离子强度缓冲液（TISAB）。

a. 总离子强度缓冲液（TISABⅠ）：称取58.0g氯化钠，10.0g柠檬酸钠，量取50mL乙酸，加500mL水溶解。溶解后，加5mol/L氢氧化钠溶液135mL，调节溶液pH为5.2，加水稀释至1000mL。

b. 总离子强度缓冲液（TISABⅡ）：称取142g六亚甲基四胺和85.0g硝酸钾、9.97g钛铁试剂，加水溶解，调节pH至5～6，加水稀释至1000mL。

⑮ 乙酸-硝酸纤维微孔滤膜：孔径5μm，直径90mm。

⑯ 磷酸氢二钾浸渍滤膜。用镊子夹取乙酸-硝酸纤维微孔滤膜放入磷酸氢二钾浸渍液中，浸湿后沥干（每次用少量浸渍液，以能没过滤膜为准，浸渍4～5张滤膜后，更换新的浸渍液）。将浸渍后的滤膜摊放在铺有无灰级定性滤纸的聚乙烯或不锈钢托盘上，于40℃以下烘干30min～1h，至完全干燥，装入塑料盒（袋）中，密封后放入密闭容器中备用。

2. 仪器

① 大气采样器：小流量采样器，流量范围满足10～60L/min。采样头可放置90mm滤膜，有效滤膜直径为80mm。采样头配有两层聚乙烯/不锈钢支撑滤膜网垫，两层网垫间有2～3mm的间隔圈间隔。采样器配有电子流量计和流量补偿系统，具有自动计算累计体积的功能。流量为50L/min时，采样泵可克服20kPa的压力负荷。采样器外观、工作环境、温度测量示值误差、压力测量示值误差和流量测量示值误差等相关性能指标应符合HJ 194的规定。

② 离子活度计或精密酸度计：分辨率为0.1mV。

③ 氟离子选择电极：测量氟离子浓度范围满足（10^{-5}～10^{-1}）mol/L。可选用与离子活度计或酸度计配套的氟离子选择电极和参比电极一体式复合电极。

④ 参比电极：甘汞电极/银-氯化银电极。

⑤ 磁力搅拌器：具聚乙烯包裹的搅拌子。

⑥ 超声清洗器：频率40～60kHz。

⑦ 聚乙烯烧杯：100mL。

⑧ 带盖聚乙烯瓶：50mL、100mL、1000mL。

（四）操作步骤

1. 样品采集

（1）环境空气的样品采集　安装滤膜，在第二层支撑滤膜网垫上放置一张磷酸氢二钾浸渍滤膜，中间用 2～3mm 厚的滤膜垫圈相隔，再放置第一层支撑滤膜网垫，在第一层支撑滤膜网垫上放置第二张磷酸氢二钾浸渍滤膜。

1h 均值测定时，以 50L/min 流量采样，至少采样 45min；24h 均值测定时，以 16.7L/min 流量采样，至少采样 20h。

（2）全程序空白样品　取与样品采集同批次浸渍后的空白滤膜（两张），与样品在相同的条件下保存、运输。将空白滤膜安装在采样头上不进行采样，空白滤膜在采样现场暴露时间与样品滤膜从滤膜盒（袋）取出直至安装到采样头的时间相同，随后取下空白滤膜并随样品一起运回实验室。

2. 样品保存

将滤膜对折放入塑料盒（袋）中密封，贮存在密封容器中，并在 40d 内完成分析。

3. 试样的制备

将两张样品滤膜剪成小碎块（约为 5mm×5mm），放入 50mL 带盖聚乙烯瓶中，加 0.25mol/L 盐酸溶液 20.0mL，摇动使滤膜充分分散并浸湿后，在超声清洗器中提取 30min，取出。待溶液温度冷却至室温，再加入氢氧化钠溶液 5.0mL，水 15.0mL 及总离子强度缓冲液（TISAB）10.0mL，总体积 50.0mL，混匀后转移至 100mL 聚乙烯烧杯中待测定。

4. 标准曲线的建立

分别移取 0.50mL、1.00mL、2.00mL、5.00mL、10.0mL 和 20.0mL 氟标准使用液于 50mL 容量瓶中，加入 10mL 总离子强度缓冲液（TISAB），用水定容至标线，混匀。

标准系列见表 1-2，也可根据实际样品浓度配制，但不得少于 6 个点。

表 1-2　氟标准系列

标准系列编号	1	2	3	4	5	6
氟标准使用液体积/mL	0.50	1.00	2.00	5.00	10.0	20.0
F^- 含量/μg	5.00	10.0	20.0	50.0	100	200

从低浓度到高浓度依次将标准系列溶液转移至 100mL 的聚乙烯杯中，将清洗干净的氟离子选择电极及参比电极（或复合电极）插入待测液中测定。插入电极前不要搅拌溶液，以免在电极表面附着气泡，影响测定的准确度。开启磁力搅拌器，搅拌数分钟，搅拌速度要适中、稳定。待读数稳定后（即每分钟电极电位变化小于 0.2mV）停止搅拌，静置后读取电位响应值，同时记录测定时的温度。以氟含量（μg）的对数为横坐标，其对应的电位值（mV）为纵坐标建立标准曲线。

溶液温度控制在 15～35℃，保证氟离子选择电极工作正常。

5. 试样的测定

按照与标准曲线的建立相同的步骤进行测定。试样测定应与标准曲线建立同时进行，试样测定时与建立标准曲线时温度之差不应超过±2℃。

6. 实验室空白试样的测定

按照与试样的测定相同的步骤测定实验室空白试样。实验室空白试样的氟含量为空白试样测定值（μg）与标准加入量（5.00μg）之差，取测定的平均值作为实验室空白试样的氟含量。

（五）数据处理

试样中氟化物的含量 m 按式(1-4) 计算：

$$\lg m = (E - E_c)/S_c \tag{1-4}$$

式中 m——试样中氟化物的含量，μg；

E——试样的电位值，mV；

E_c——标准曲线的截距，mV；

S_c——标准曲线的斜率，mV。

环境空气样品中氟化物的含量 $\rho(F^-)$ 按式(1-5) 计算：

$$\rho(F^-) = (m - m_0)/V_0 \tag{1-5}$$

式中 $\rho(F^-)$——环境空气中氟化物的质量浓度，$\mu g/m^3$；

m——测得的试样的氟含量，μg；

m_0——测得的实验室空白试样平均氟含量，μg；

V_0——参比状态（298.15K，101.325kPa）下的采样体积，m^3。

1h 均值测定，当测定结果小于 10.0$\mu g/m^3$ 时，结果保留小数点后一位；当测定结果大于或等于 10.0$\mu g/m^3$ 时，结果保留三位有效数字。

24h 均值测定，当测定结果小于 10.0$\mu g/m^3$ 时，结果保留小数点后两位；当测定结果大于或等于 10.0$\mu g/m^3$ 时，结果保留三位有效数字。

（六）注意事项

① 采样前应对采样器流量进行检查校准，流量示值误差不超过±2%。

② 采样起始到结束的流量变化不超过±10%。

③ 每批次样品分析应建立新的标准曲线，标准曲线的相关系数≥0.999；温度应在 20～25℃之间时，氟离子浓度每改变 10 倍，电极电位变化应满足−58.0mV±2mV。

④ 每批样品分析应至少做两个实验室空白，空白值应低于 1.4μg；每批样品分析应至少做一个全程序空白，全程序空白值应低于 2.0μg，否则需查找原因，重新采样。

⑤ 实验中产生的废液和废物应置于密闭容器中分类保管，委托有资质的单位处理。

⑥ 应注意电极的清洁与维护，符合电极的使用说明要求。

⑦ 取用滤膜的实验过程中应佩戴防静电的一次性手套，并用不锈钢或聚四氟乙烯的镊子进行操作。

⑧ 测定过程中应避免使用玻璃器皿。

六、空气中臭氧含量的测定

（一）测定方法

靛蓝二磺酸钠分光光度法，参考《环境空气　臭氧的测定　靛蓝二磺酸钠分光光度法》（HJ 504—2009）。

（二）原理

空气中的臭氧在磷酸盐缓冲溶液存在下，与吸收液中蓝色的靛蓝二磺酸钠等摩尔反应，褪色生成靛红二磺酸钠，在 610nm 处测量吸光度，根据蓝色减退的程度定量空气中臭氧的浓度。

当采样体积为 30L 时，测定空气中臭氧的检出限为 0.010mg/m^3，测定下限为 0.040mg/m^3。当采样体积为 30L 时，吸收液质量浓度为 2.5μg/mL 或 5.0μg/mL 时，测定上限分别为 0.50mg/m^3 或 1.00mg/m^3。当空气中臭氧质量浓度超过该上限时，可适当减少采样体积。

（三）仪器和试剂

1. 仪器

所用试剂除另有说明外均为分析纯试剂，所用水为去离子水。

① 溴酸钾标准贮备溶液，$c(1/6KBrO_3)=0.100$mol/L：准确称取 1.3918g 溴酸钾（优级纯，180℃烘干 2h），置于烧杯中，加入少量水溶解，移入 500mL 容量瓶中，用水稀释至标线。

② 溴酸钾-溴化钾标准溶液：吸取 10.00mL 溴酸钾标准贮备溶液于 100mL 容量瓶中，加入 1.0g 溴化钾（KBr），用水稀释至标线。

③ 硫代硫酸钠标准贮备溶液，$c(Na_2S_2O_3)=0.100$mol/L。

④ 硫代硫酸钠标准工作溶液，$c(Na_2S_2O_3)=0.00500$mol/L：临用前，取硫代硫酸钠标准贮备溶液用新煮沸并冷却到室温的水准确稀释 20 倍。

⑤ 硫酸溶液：1+6（体积比）。

⑥ 淀粉指示剂溶液，$\rho=2.0$g/L：称取 0.20g 可溶性淀粉，用少量水调成糊状，慢慢倒入 100mL 沸水，煮沸至溶液澄清。

⑦ 磷酸盐缓冲溶液，$c(KH_2PO_4\text{-}Na_2HPO_4)=0.050$mol/L：称取 6.8g 磷酸二氢钾（$KH_2PO_4$）、7.1g 无水磷酸氢二钠（$Na_2HPO_4$），溶于水，稀释至 1000mL。

⑧ 靛蓝二磺酸钠（$C_{16}H_8O_8Na_2S_2$），分析纯、化学纯或生化试剂。

⑨ 靛蓝二磺酸钠标准贮备溶液：称取 0.25g 靛蓝二磺酸钠溶于水，移入 500mL 棕色容量瓶内，用水稀释至标线，摇匀，在室温暗处存放 24h 后标定。此溶液在 20℃以下暗处存放可稳定 2 周。

标定方法：准确吸取 20.00mL 靛蓝二磺酸钠标准贮备溶液于 250mL 碘量瓶中，加入 20.00mL 溴酸钾-溴化钾标准溶液，再加入 50mL 水，盖好瓶塞，在 16℃±1℃生化培养箱（或水浴）中放置至溶液温度与水浴温度平衡时，加入 5.0mL 硫酸溶液，立即盖塞、混匀并开始计时，于 16℃±1℃暗处放置 35min±1.0min 后，加入 1.0g 碘化钾，立即盖塞，轻轻摇匀至溶解，暗处放置 5min，用硫代硫酸钠溶液滴定至棕色刚好褪去呈淡黄色，加入 5mL 淀粉指示剂溶液，继续滴定至蓝色消退，终点为亮黄色。记录所消耗的硫代硫酸钠标准工作溶液的体积。

达到平衡的时间与温差有关，可以预先用相同的水代替溶液，加入碘量瓶中，放入温度计观察达到平衡所需要的时间。

平行滴定所消耗的硫代硫酸钠标准溶液体积不应大于 0.10mL。

每毫升靛蓝二磺酸钠溶液相当于臭氧的质量浓度 ρ，由式(1-6) 计算：

$$\rho=\frac{c_1V_1-c_2V_2}{V}\times 12\times 10^3 \tag{1-6}$$

式中　ρ——每毫升靛蓝二磺酸钠溶液相当于臭氧的质量浓度，μg/mL；

c_1——溴酸钾-溴化钾标准溶液的浓度，mol/L；

V_1——加入的溴酸钾-溴化钾标准溶液的体积，mL；

c_2——滴定时所用硫代硫酸钠标准溶液的浓度，mol/L；

V_2——滴定时所用硫代硫酸钠标准溶液的体积，mL；

V——靛蓝二磺酸钠标准贮备溶液的体积，mL；

12——臭氧的摩尔质量（$1/4O_3$），g/mol。

⑩ 靛蓝二磺酸钠标准工作溶液：将标定后的靛蓝二磺酸钠标准贮备溶液用磷酸盐缓冲溶液逐级稀释成每毫升相当于 1.00μg 臭氧的靛蓝二磺酸钠标准工作溶液，此溶液于 20℃以下暗处存放可稳定 1 周。

⑪ 靛蓝二磺酸钠吸收液：取适量的靛蓝二磺酸钠标准贮备溶液，根据空气中臭氧质量浓度的高低，用磷酸盐缓冲溶液稀释成每毫升相当于 2.5μg（或 5.0μg）臭氧的靛蓝二磺酸钠吸收液，此溶液于 20℃以下暗处可保存 1 个月。

2. 仪器

① 空气采样器：流量范围 0～1.0L/min，流量稳定。使用时，用皂膜流量计校准采样系统在采样前后的流量，相对误差应小于±5%。

② 多孔玻板吸收管：内装 10mL 吸收液，以 0.50L/min 流量采气，玻板阻力应为 4～5kPa，气泡分散均匀。

③ 具塞比色管：10mL。

④ 生化培养箱或恒温水浴：温控精度为±1℃。

⑤ 水银温度计：精度为±0.5℃。

⑥ 分光光度计：具 20mm 比色皿，可于波长 610nm 处测量吸光度。

（四）操作步骤

1. 样品的采集与保存

用内装 10.00mL±0.02mL 靛蓝二磺酸钠吸收液的多孔玻板吸收管，罩上黑色避光套，以 0.5L/min 流量采气 5～30L。当吸收液褪色约 60%时（与现场空白样品比较），应立即停止采样。样品在运输及存放过程中应严格避光。当确信空气中臭氧的质量浓度较低，不会穿透时，可以用棕色玻板吸收管采样。

样品于室温暗处存放至少可稳定 3d。

2. 现场空白样品

用同一批配制的靛蓝二磺酸钠吸收液，装入多孔玻板吸收管中，带到采样现场。除了不采集空气样品外，其他环境条件保持与采集空气的采样管相同。

每批样品至少带两个现场空白样品。

3. 绘制标准曲线

取 10mL 具塞比色管 6 支，按表 1-3 制备标准色列。

表 1-3　标准色列

管号	1	2	3	4	5	6
靛蓝二磺酸钠标准溶液/mL	10.00	8.00	6.00	4.00	2.00	0.00
磷酸盐缓冲溶液/mL	0.00	2.00	4.00	6.00	8.00	10.00
臭氧质量浓度/(μg/mL)	0.00	0.20	0.40	0.60	0.80	1.00

各管摇匀，用20mm比色皿，以水作参比，在波长610nm下测量吸光度。以标准系列中零浓度管的吸光度（A_0）与各标准色列管的吸光度（A）之差为纵坐标，臭氧质量浓度为横坐标，用最小二乘法计算标准曲线的回归方程：

$$y=bx+a$$

式中　y——A_0-A，空白样品的吸光度与各标准色列管的吸光度之差；

x——臭氧质量浓度，μg/mL；

b——回归方程的斜率，吸光度·mL/μg；

a——回归方程的截距。

4. 样品的测定

采样后，在吸收管的入气口端串接一个玻璃尖嘴，在吸收管的出气口端用吸耳球加压将吸收管中的样品溶液移入25mL（或50mL）容量瓶中，用水多次洗涤吸收管，使总体积为25.0mL（或50mL）。用20mm比色皿，以水作参比，在波长610nm下测量吸光度。

（五）数据处理

空气中臭氧的质量浓度按下式计算：

$$\rho(O_3)=\frac{(A_0-A-a)V}{bV_r}$$

式中　$\rho(O_3)$——空气中臭氧的质量浓度，mg/m^3；

A_0——现场空白样品吸光度的平均值；

A——样品的吸光度；

b——标准曲线的斜率；

a——标准曲线的截距；

V——样品溶液的总体积，mL；

V_r——换算为参比状态（101.325kPa、298.15K）的采样体积，L。

所得结果精确至小数点后三位。

（六）注意事项

① 空气中的二氧化氮可使臭氧的测定结果偏高，约为二氧化氮质量浓度的6%。

② 空气中二氧化硫、硫化氢、过氧乙酰硝酸酯（PAN）和氟化氢的质量浓度分别高于750μg/m^3、110μg/m^3、1800μg/m^3和2.5μg/m^3时，干扰臭氧的测定。

③ 空气中氯气、二氧化氯的存在使臭氧的测定结果偏高。但在一般情况下，这些气体的浓度很低，不会造成显著误差。

④ 市售靛蓝二磺酸钠不纯，作为标准溶液使用时必须进行标定。用溴酸钾-溴化钾标准溶液标定靛蓝二磺酸钠的反应，需要在酸性条件下进行，加入硫酸溶液后反应开始，加入碘化钾后反应即终止。为了避免副反应从而使反应定量进行，必须严格控制培养箱（或水浴）温度（16℃±1℃）和反应时间（35min±1.0min）。一定要等到溶液温度与培养箱（或水浴）温度达到平衡时再加入硫酸溶液，加入硫酸溶液后应立即盖塞，并开始计时。滴定过程中应避免阳光照射。

⑤ 本方法为褪色反应，靛蓝二磺酸钠吸收液的体积直接影响测量的准确度，所以装入采样管中吸收液的体积必须准确，最好用移液管加入。采样后向容量瓶中转移吸收液应尽量

完全（少量多次冲洗）。装有吸收液的采样管，在运输、保存和取放过程中应防止倾斜或倒置，避免吸收液损失。

能力训练题

一、名词解释

碳循环、温室效应、温室气体

二、简答题

1. 臭氧会对二氧化氮的测定产生什么样的干扰？如何消除？
2. 如果吸收液长期放置已变色，继续使用会使实验结果产生什么样的偏差？
3. 温室效应形成的原因有哪些？
4. 我国现行国标规定的温室气体都有哪些？
5. 温室气体对地球的大气环境都有哪些危害？
6. 二氧化碳的采样方法和测定方法是什么？
7. 甲烷的测定方法是什么？

第二章 温室气体控制措施

学习内容

中国“双碳”目标、碳核算方法、温室气体减排原则和措施、碳排放管理体系等知识点。

学习要求

了解碳达峰、碳中和的概念，了解世界各国对气候变化的应对措施；了解中国碳达峰、碳中和进程；掌握排放因子法、质量平衡法、实测法等碳核算方法及三种方法的优缺点；掌握温室气体减排的具体措施和方法机制；掌握碳源、碳汇的概念，碳交易的操作方法；掌握碳排放管理体系的运行操作流程。

素质目标

掌握中国“双碳”目标，重点培养了解中国环保战略的意识，同时具备碳排放管理的能力。

第一节 “双碳”目标

一、碳达峰和碳中和

为应对气候变化，中国政府在2020年9月22日宣布，将提高国家自主贡献力度，采取更加有力的政策和措施，二氧化碳排放力争于2030年前达到峰值，努力争取2060年前实现碳中和。该目标提出后，便引起了各界对碳排放、碳补偿等相关理论的广泛关注和讨论。目前，碳达峰、碳中和等多个相关概念成为热点话题。

碳达峰指二氧化碳排放量在某一时刻达到历史最高值，然后经历平台期进入持续下降的过程，是二氧化碳排放量由增转降的历史拐点，标志着碳排放与经济发展完成脱钩，达峰目标包括达峰年份和峰值。当前，世界各国正在积极探索更新《巴黎协定》2015年提出的缔约国自主贡献（NDC）目标，以确保《巴黎协定》如期实现。我国提出的2030年前实现碳达峰的目标，高度契合《巴黎协定》的要求，为保障全球尽快达到温室气体排放峰值，加快全球碳减排进程作出重要贡献。

碳中和指企业、团体或个人在一定时间内（通常为一年），通过植树造林、节能减排等形式，抵消自身直接或间接产生的温室气体排放总量，实现二氧化碳的“零排放”。

二、世界各国对气候变化的应对

联合国在20世纪70年代就开始对CO_2排放问题进行研究分析，但没有一个专门的工作机构，直到1988年由世界气象组织（WMO）和联合国环境规划署（UNEP）合作，成立IPCC（联合国政府间气候变化专门委员会）。

IPCC专门研究全球范围内温室气体对人类社会造成的严重的、不可逆转的破坏作用，在全面、客观、公正和透明的基础上，组织相关权威专家研讨，然后发布信息和建议。

从1995年开始每年举行一次《联合国气候变化框架公约》（以下简称《公约》）缔约方会议（COP），简称联合国气候变化大会。COP在应对气候变化和推动减排方面发挥了积极作用。

第一次至第六次缔约方会议分别在德国柏林、瑞士日内瓦、日本京都、阿根廷布宜诺斯艾利斯、德国波恩和荷兰海牙举行。其中，1997年在日本京都签订了《京都议定书》，制定了2008—2012年五年间各国CO_2排放均值限定目标，有一百多个国家代表参加了会议，中国也签署并核准了该议定书。这是一次对全球温室效应作出指量性减排效应要求的重大会议。

2007年12月在印度尼西亚巴厘岛召开联合国气候变化大会。这是一次“白热化”会议，经过激烈争议，终于确定了“巴厘岛路线图”，被称为“后京都会议的年代”。作为一个负责任大国，中国一直致力于世界温室气体减排工作。

2008年在波兰波兹南召开联合国气候变化大会，正式启动2009年气候谈判进程，同时决定启动帮助发展中国家应对气候变化的适应基金。

2009年12月在丹麦召开哥本哈根世界气候大会，通过了“哥本哈根协议”。各国表达了共同应对气候变化的政治意愿，但该协议不具法律约束力。

2010年11月在墨西哥海滨城市坎昆召开坎昆气候大会，在坚持“共同但有区别的责任”原则下，就适应气候变化资金、技术转让、能力建设等问题的谈判取得不同程度的进展，向国际社会发出了比较积极的信号。

2011年11月在南非德班召开德班气候大会，大会对气候基金机制进行改进，成立基金董事会，并要求董事会尽快使基金可操作化。

2012年11月在卡塔尔首都多哈，召开多哈气候大会，大会对《京都议定书》进行修正，并对世界气候变化进行深入评估。

2013年11月在波兰华沙，召开华沙气候大会，发达国家再次承认应出资支持发展中国家应对气候变化，并对损害气候变化的补偿机制达成初步协议。

2015年12月第21届联合国气候变化大会确立《巴黎协定》，这是由世界近两百个缔约方共同签署的一个重大气候变化协定书，其目标是将全球气温上升幅度控制在2℃以下，并努力降到1.5℃以内。这是继《京都议定书》之后，第二份具有法律约束力的气候协议，形成2020年后全球气候治理新格局。《巴黎协定》具有公平化、长期化、可行化的重要特点，将世界所有国家都纳入呵护地球生态确保人类发展命运共同体中。

2016 年 9 月，全国人大常委会批准中国加入《巴黎协定》。

2017 年美国总统特朗普宣布退出《巴黎协定》，成为《巴黎协定》唯一退出缔约方。2021 年 1 月 20 日，美国总统拜登签署行政令，美国重新加入《巴黎协定》，2021 年 2 月 19 日正式宣布生效。

2018 年 12 月，第 24 届联合国气候大会在波兰卡托维兹城召开，本次会议邀请了 200 多个国家、近 3 万名代表参与，商讨全球气候变化应对问题。会议分享了绿色低碳创新经验，中国在会上公共展示区设置了绿色低碳制造展台。

2019 年原定在智利圣地亚哥举办联合国气候大会，但由于西班牙政府提议，将会议移到马德里举行。会议从大力发展低碳转型技术、控制工业过度温室气体排放、创建绿色低碳制造体系等方面展示了应对全球气候变化的行动及成效。

2021 年 10 月 31 日《联合国气候变化框架公约》第 26 次缔约方大会在英国格拉斯哥正式开幕。大会认定在《巴黎协定》框架下再度确定的共同但有区别的责任等原则下，在尊重不同国情的基础上，为应对全球气候变化作出贡献。

三、中国对气候变化的应对

气候变化和能源问题是当前突出的全球性挑战，事关国际社会共同利益，也关系到地球未来，国际社会合力应对挑战的意愿和动力不断上升，关键是要拿出实际行动。

中国已正式宣布，力争 2030 年前实现碳达峰，2060 年前实现碳中和目标。中国已将“双碳”目标纳入生态文明建设整体布局中，坚持生态优先、绿色低碳的发展道路，基本上分三步走：2030 年前尽早达峰，2050 年达到接近零排放，2060 年前实现碳中和，还要努力推动社会经济发展和碳中和平衡的零碳社会的可持续发展。

2021 年 10 月 24 日，国务院发布《2030 年前碳达峰行动方案》。方案指出，到 2025 年，非化石能源消费比重达到 20%左右，单位国内生产总值能源消耗比 2020 年下降 13.5%，单位国内生产总值 CO_2 排放比 2020 年下降 18%，为实现碳达峰奠定坚实基础。“十五五”期间，产业结构调整取得重大进展，清洁低碳安全高效的能源体系初步建立，重点领域低碳发展模式基本形成，重点耗能行业能源利用效率达到国际先进水平，非化石能源消费比重进一步提高，煤炭消费逐步减少，绿色低碳技术取得关键突破，绿色生活方式成为公众自觉选择，绿色低碳循环发展政策体系基本健全。到 2030 年，非化石能源消费比重达到 25%左右，单位国内生产总值二氧化碳排放比 2005 年下降 65%以上，顺利实现 2030 年前碳达峰目标。主要举措是：推进煤炭消费替代和转型升级；大力发展新能源；因地制宜开发水电；积极安全有序发展核电；合理调控油气消费；加快建设新型电力系统。

“推动绿色发展，促进人与自然和谐共生”，提出四方面要求，包括加快发展方式绿色转型，深入推进环境污染防治，提升生态系统多样性、稳定性、持续性，积极稳妥推进碳达峰碳中和。要加快发展方式绿色转型，实施全面节约战略，发展绿色低碳产业，倡导绿色消费，推动形成绿色低碳的生产方式和生活方式。

到 2060 年，碳中和基本思路可能是：全面提升新能源体系效率，全面提高能源基本零碳化效应；电源结构去碳化，大力利用风电-光电、储能耦合高效应用，能源品种多元化，特别是推进煤炭高效清洁应用；推动氢能产业链绿色发展；能源走向更高智能化发展，鼓励开展分布式发电，深化农村、山区自发电源作用；大力推出微电网，提升新型能源就地消纳能力；突出高科技能源新型体系的建设和应用，在大力推行产、学、研、政融合的原创性研发基础上，加强开放，加强国际合作，共同推进高端化稀有前沿的新型能源的诞生和应用，将改变世界发展新趋向。

图 2-1 为世界主要国家和地区推进碳中和进展。中国作为一个负责任的大国，以“双碳”为目标，实施降碳、减碳、零碳的愿景一定会如期圆满实现。

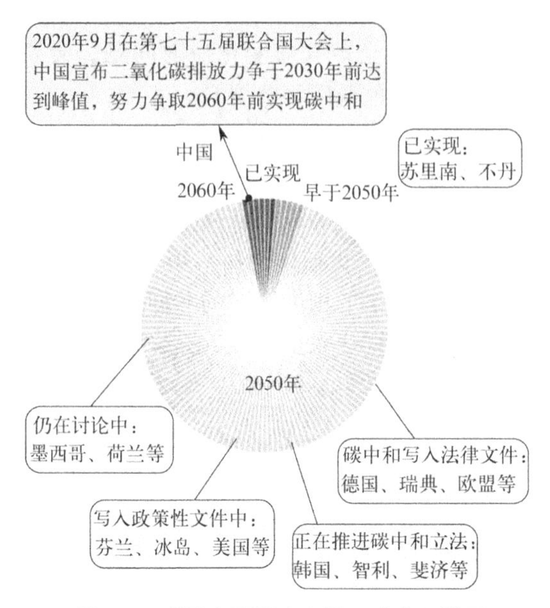

图 2-1 世界主要国家和地区碳中和进展

学术界通过我国碳排放总量、强度以及人均碳排放等视角对我国碳达峰年份和峰值进行了预测，并从行业和区域角度对碳达峰路径开展了实证研究，普遍认为我国碳达峰时间在 2030 年之前。其实，早在我国提出碳达峰目标之前，就有研究通过假设未来经济增长、能源结构等社会经济参数，基于 KAYA 恒等式建立自下而上的模型模拟中国碳达峰时间，结果显示达峰时间区间为 2020 年至 2030 年之间。此外，还有学者基于 IAMC 模型对中国碳排放峰值目标实现路径进行研究，得出“十五五”期间是实现碳排放峰值在 120 亿吨和 8.5 吨每人左右水平的较好机会窗口这一重要结论。虽然模拟参数与未来实际数据存在差异，但是中国有能力实现碳达峰已经成为学术界的普遍共识。尽管如此，中国要在人均收入刚达 1 万美元，尚未实现工业化、城市化历史任务的情况下实现碳达峰，仍然困难重重。2019 年，我国总能源消耗量的 85%源自化石能源，其中仅煤炭消费这一项就占总能源消耗量的 58%。与美国、欧盟煤炭占其能源消耗比重的 12%和 11%不同，我国能源结构以煤炭为主。从国情和能源资源方面出发，加快能源绿色低碳转型是实现碳达峰的重中之重。

碳达峰与碳中和紧密相连，前者是后者的基础和前提，达峰时间的早晚和峰值的高低直接影响碳中和实现的时长和实现的难度。政府间气候变化专门委员会（IPCC）发布的“全球升温 1.5℃特别报告”中指出，碳中和的主要任务是到 21 世纪末将全球气候变暖控制在上浮 1.5℃之内，2030 年前全球二氧化碳排放量减少 45%左右，到 2050 年实现全球净零二氧化碳排放。但是，我国与欧美等发达国家所处的发展阶段存在明显差异，大多数发达国家早就完成了碳达峰，为实现 2050 年碳中和的目标，往往只需要按照过去的减排力度即可。

而我国尚未实现碳达峰，年碳排放量仍在增加。我国在时间和减排量上实现碳中和的难度远远高于发达国家，碳达峰后只有采取更为严苛的减排措施才能保证碳排放下降的斜率更大。碳中和意味着广泛而深刻的经济社会系统性变革，意味着以化石能源为基础的能源体系和相关基础设施的重构，也是重大的利益重组的过程，在技术、经济、社会乃至政治层面都意味着重大挑战。我国提出2060年前实现碳中和，也充分意识到这是一场硬仗。在新发展理念的引领下，我国碳排放的整体趋势已经进入非常平稳的增长阶段。截至2020年底，中国碳强度较2005年降低约48.4%，超额提前完成中国向国际社会承诺的2020年气候行动目标。总体来看，我国的碳达峰碳中和目标，既是我国顺应并引领未来国际发展潮流、提升我国未来国际地位和竞争力的重要支撑，也是助推我国进一步发展转型，实现社会主义现代化目标的重大战略决策。

第二节　碳核算方法

碳核算是测量工业活动向地球生物圈直接和间接排放二氧化碳及其当量气体的措施，是指控排企业按照监测计划对碳排放相关参数实施数据收集、统计、记录，并将所有排放相关数据进行计算、累加的一系列活动。碳核算可以直接量化碳排放的数据，还可以通过分析各环节碳排放的数据，找出潜在的减排环节和方式，对碳中和目标的实现、碳交易市场的运行至关重要。

1996年，联合国政府间气候变化专门委员会编写并发布了第一版《国家温室气体清单指南》，首次界定了温室气体、排放源与汇的类别，从而为各国温室气体排放量估算确立了基本一致的范围。随后几年，IPCC又相继编写了《1996年IPCC国家温室气体清单指南修订本》《IPCC国家温室气体清单优良做法指南和不确定性管理》《IPCC土地利用、土地利用变化和林业优良做法指南》等，这些规定最终汇集成《2006年IPCC国家温室气体清单指南》，当前最新版为《2006年IPCC国家温室气体清单指南2019修订版》。

国际碳排放核算体系主要由自上而下的宏观层面核算和自下而上的微观层面核算两部分构成。前者以IPCC的《国家温室气体清单指南》为代表，它通过对国家主要的碳排放源进行分类，在部门分类下再构建子目录，直到将排放源都包括进来，它本质上是通过自上而下层层分解来进行核算的。该核算清单是迄今为止门类最为齐全、体系最为合理的清单，涉及人类生产生活的各个领域和各个流程，是各国政府向IPCC报告本国碳排放类型和数量的重要参考文本。

碳核算最主要的形式可以分为基于测量和基于计算两种方式，具体从现有的温室气体排放量核算方法来看，主要可以概括为三种：排放因子法、质量平衡法、实测法。目前国家发展改革委公布的24个指南采用的温室气体量化方法只包含排放因子法和质量平衡法，但2020年12月生态环境部发布的《碳排放权交易管理办法（试行）》中明确指出，重点排放单位应当优先开展化石燃料低位热值和含碳量实测。

1. 排放因子法（基于计算）

排放因子法是IPCC提出的第一种碳排放估算方法，也是目前广泛应用的方法。其基本思路是依照碳排放清单列表，针对每一种排放源构造其活动数据与排放因子，以活动数据和排放因子的乘积作为该排放项目的碳排放量估算值，即

温室气体(GHG)排放＝活动数据(AD)×排放因子(EF)

式中，AD是导致温室气体排放的生产或消费活动的活动量，如每种化石燃料的消耗量、石灰石原料的消耗量、净购入的电量、净购入的蒸汽量等；EF是与活动水平数据对应的系数，包括单位热值含碳量或元素碳含量、氧化率等，表征单位生产或消费活动量的温室气体排放系数。

EF数值获取来源见表2-1。EF既可以直接采用IPCC、美国环境保护署、欧洲环境机构等提供的已知数据（即缺省值），也可以基于代表性的测量数据来推算。我国已经基于实际情况设置了国家参数，例如《工业其他行业企业温室气体排放核算方法与报告指南（试行）》的附录二提供了常见化石燃料特性参数缺省值数据。

表2-1　排放因子数值获取来源

文献类别	出处	备注
IPCC指南	IPCC	提供普适性的缺省因子
IPCC排放因子数据库（Emission Factors Database）	IPCC	提供普适性缺省因子和各国实践工作中采用的数据
国际排放因子数据库：美国环境保护署（USEPA）	美国环境保护署	提供有用的缺省或可用于交叉检验
EMEP/CORINAIR排放清单指导手册	欧洲环境机构（EEA）	提供有用的缺省或可用于交叉检验
来自经同行评议的国际或国内杂志的数据	国家参考图书馆、环境出版社、环境新闻杂志	较可靠且有针对性，但可得性和时效性较差
其他具体的研究成果、普查、调查、测量和监测数据	大学等研究机构	需要检验数据的标准性和代表性

例如，以1kW·h电为例，目前全国碳排放因子为0.6101kg/(kW·h)，就是说我们使用1kW·h电将会产生0.6101kg的二氧化碳排放。

该方法适用于国家、省份、城市等较为宏观的核算层面，可以粗略地对特定区域的整体情况进行宏观把控。但在实际工作中，由于地区能源品质差异、机组燃烧效率不同等原因，各类能源消费统计及碳排放因子测度容易出现较大偏差，成为碳排放核算结果误差的主要来源。

2. 质量平衡法（基于计算）

质量平衡法可以根据每年用于国家生产生活的新化学物质和设备，计算为满足新设备要求或替换去除气体而消耗的新化学物质份额。对于二氧化碳而言，在质量平衡法下，碳排放由输入碳含量减去非二氧化碳的碳输出量得到：

$$\text{二氧化碳}(CO_2)\text{排放}=(\text{原料投入量}\times\text{原料含碳量}-\text{产品产出量}\times\text{产品含碳量}-\text{废物输出量}\times\text{废物含碳量})\times 44/12$$

式中，44/12是碳转换成CO_2的转换系数。

采用基于具体设施和工艺流程的质量平衡法计算排放量，可以反映碳排放发生地的实际排放量。不仅能够区分各类设施之间的差异，还可以分辨单个和部分设备之间的区别。尤其当年际间设备不断更新的情况下，该种方法更为简便。一般来说，对企业碳排放的主要核算方法为排放因子法，但在工业生产过程（如脱硫过程排放、化工生产企业过程排放等非化石燃料燃烧过程）中可视情况选择质量平衡法。

例如，某化工有限公司生产标准电石（按月计），原料需要兰炭和电极糊，原料含碳量总量为21871t，产出的标准电石含碳量为9305t，那么当月该企业二氧化碳排放量为46075t，即(21871－9305)t×44/12≈46075t。

质量平衡法是适用范围最广、应用最为普遍的一种碳核算方法。但随着外界对碳核算精度提出更高的要求，其劣势也逐渐暴露，监管部门收集管理碳排放活动数据的难度明显提升，且准确度低、误差较大。

3. 实测法（基于测量）

实测法基于排放源实测基础数据，汇总得到相关碳排放量。这里又包括两种实测方法，即现场测量和非现场测量。

现场测量一般是在烟气排放连续监测系统（CEMS）中搭载碳排放监测模块，通过连续监测浓度和流速，直接测量其排放量；非现场测量是通过采集样品送到有关监测部门，利用专门的检测设备和技术进行定量分析。二者相比，由于非现场测量时采样气体会发生吸附、解离等现象，现场测量的准确性要明显高于非现场测量。此外，监测系统还可以将企业的排放数据上传至云端，以便监管部门能够借此掌握不同区域、不同企业的实时数据详情，提升评估、预警、管理等工作的效率和效益。

美国推广实测法的力度最大，早在2011年就开始了碳排放测量的强制要求：美国环境保护署在2009年《温室气体排放报告强制条例》中规定，所有年排放超过2.5万吨二氧化碳当量的排放源自2011年开始必须全部安装烟气连续在线监测系统并在线上报美国环境保护署。

欧盟委员会自2005年启动欧盟碳排放交易系统并正式开展监测CO_2排放量，但目前23个国家中仅155个排放机组（占比1.5%）使用了CEMS，主要有德国、捷克、法国。

中国火电厂基本已安装了CEMS，具备使用CEMS对CO_2排放量进行监测的基础。国内首个电力行业碳排放精准计量系统在江苏上线，在国内率先应用实测法进行碳排放实时在线监测核算，预期不久也将向全国普及。

2021年3月1日，国家电网浙江电力研发的浙江电网电力碳排放指数监测系统完成整月测试并正式上线。通过对一定时间段（年、月、日和实时）内的全省发电量、含碳排放机组（煤电机组、燃气机组等）电量、零碳机组（水电、新能源和核电等）电量，含碳排放的外来电量及其相应的二氧化碳排放量进行统计计算，从而全面直观地反映该时间段内全社会消耗电力的碳排放综合情况，实现电力碳排放可量化、可展示和可分析。

能源系统对我国实现降低碳排放目标起决定性作用，而电力则是未来能源系统碳减排的主力。因此，电力行业正在为推动能源结构优化、用电企业节能减排、提质增效而积极努力。针对电力企业自身，应进行碳核算，摸清“家底”，制定出合理的碳减排策略。随着电源结构的低碳化转型，绿色电源将成为主体电源，需加快构建以新能源为主体的新型电力系统。同时，要强化低碳技术的研发和储备，大力发展“新能源＋储能”产业。

针对其他用电企业，电力企业将梳理出不同的潜在减排策略，充分依托自身承担建设的省级能源大数据中心，首创研发企业用能“能源碳效码”“绿能码”，为政府精准分析、科学决策提供数字化手段，从根本上解决企业碳排放无法量化评价等问题，助力企业绿色发展，推动高质量实现碳达峰、碳中和。图2-2为某公司的能源碳效码。

2021年8月，国家电网嘉兴供电公司完成了对嘉兴阿特斯光伏技术有限公司主要生产系统、辅助生产系统、附属生产系统的温室气体排放收集工作，踏出了“碳核算”工作的第一步。后续供电公司还将为该企业进行测算并制定相应的减排策略，助力企业购买核证自愿

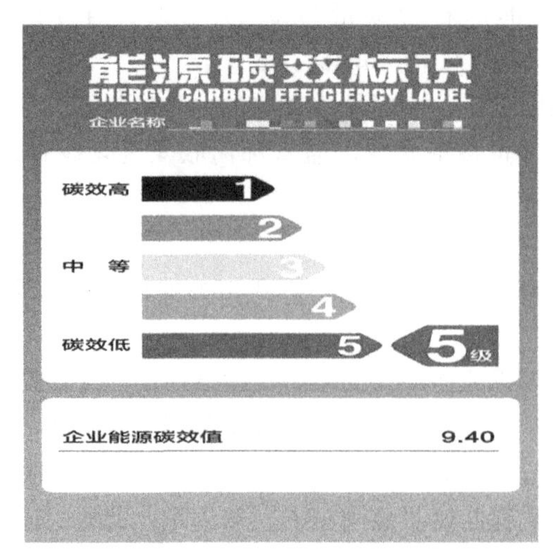

图 2-2 某公司的能源碳效码

减排量，获得“碳中和认证”。

三种碳核算方法的优缺点见表 2-2。

表 2-2 三种核算方法比较

类别	优点	缺点	适用尺度	适用对象
排放因子法	简单明确易于理解；有成熟的核算公式和活动数据、排放因子数据库；有大量应用实例参考	对排放系统自身发生变化时的处理能力较质量平衡法要差	宏观、中观、微观	社会经济排放源变化稳定，自然排放源不是很复杂或忽略其内部复杂性的情况
质量平衡法	明确区分各类设施设备和自然排放源之间的差异	需要纳入考虑范围内的排放中间过程较多，容易出现系统误差，数据获取困难且不具权威性	宏观、中观	社会经济发展迅速、排放设备更换频繁，自然排放源复杂的情况
实测法	中间环节少，结果准确	数据获取相对困难，投入较大，容易受到样品采集与处理流程的样品代表性、测定精度等因素干扰	微观	小区域、简单生产排放链的碳排放源，或小区域、有能力获取一手监测数据的自然排放源

4. 实例——北京冬奥会碳排放核算方法及碳中和路径详解

“当前，全球都在努力减轻气候变化所带来的影响，可持续发展对奥林匹克运动的未来至关重要。我们希望奥运赛事的举办能够在可持续性方面为全世界引领示范，也希望奥运赛事的举办能够在主办国成为促进可持续发展的加速器。”2022 年 2 月 9 日，国际奥委会、北京冬奥组委例行新闻发布会上，国际奥委会企业和可持续发展总监玛丽·萨鲁瓦如是说。

北京冬奥会从筹办伊始便强调可持续发展。让张北的风点亮北京的灯、首次使用二氧化碳直冷制冰、奥运场馆达到绿色建筑标准……北京冬奥组委总体策划部部长李森在发布会上表示，可持续发展的要求贯穿于北京冬奥会筹办工作全过程，用两个词来概括就是“低碳环保”“生态保护”。北京冬奥会在低碳管理方面作出了杰出贡献，建立了中国特色的全流程碳中和方法学，覆盖基准线/实际排放量核算、碳减排量核算及碳抵消全流程。

（1）核算原则　北京冬奥会温室气体排放量核算的主要原则如下。

① 相关性原则。确保温室气体排放清单恰当地反映项目的温室气体排放情况，服务于

内外部用户的决策需要。

② 完整性原则。核算和报告选定排放清单边界内所有温室气体排放源和活动。披露任何没有计入的排放源及其活动，并说明理由。

③ 一致性原则。采用一致的方法学，以便可以对长期的排放情况进行有意义的比较。按时间顺序，清晰记录有关数据、排放清单边界、方法和其他相关因素的任何变化。

④ 透明度原则。按照清晰的审计线索，以实际和连贯的方式处理所有相关问题。披露任何有关的假定，并恰当指明所引用的核算与计算方法学以及数据来源。

⑤ 准确性原则。应尽量保证在可知的范围内，计算出的温室气体排放量不系统性地高于或低于实际排放量；尽可能在可行的范围内减少不确定性。达到足够的准确度，以保证用户在决策时对报告信息完整性的信心。

⑥ 避免重复计算原则。应避免重复签发、重复使用和重复计算。

（2）核算边界

① 时间边界。根据奥委会方法学，温室气体核算的时间边界应涵盖奥运会项目的整个生命周期，从选出主办城市开始，通常贯穿奥运会举办前的七年，直到奥运会结束后的解散阶段。

② 空间边界。主要涉及与北京冬奥会筹办活动相关的职能范围、地理边界和能够施加影响的活动产生的温室气体排放。

后者可能不是一个精确的终点。有时候，奥组委的解散可能发生在奥运会结束后一年多。但是，通常假设在残奥会结束后的 3～4 个月，有意义的温室气体排放活动就终止了。

北京冬奥会温室气体核算从 2016 年 1 月 1 日至 2022 年 6 月 30 日，分赛前筹备、赛时运行和赛后拆除三个阶段。

（3）核算气体　北京冬奥会核算的温室气体，不仅包括 1992 年 6 月 4 日联合国大会通过的《联合国气候变化框架公约》（UNFCCC）规定的 CO_2、CH_4、N_2O、HFCs、PFCs 和 SF_6，还包括联合国气候变化框架公约第 18 次缔约方会议追加的 NF_3，共七类温室气体。

（4）核算实施

① 界定温室气体排放源。北京冬奥会温室气体核算包括筹办和运行过程、场馆和交通设施以及观众共 3 项及其子类别的 200 种排放源，主要分类如下。

第一项，北京冬奥会筹办和运行过程。主要包括：北京冬奥组委日常办公、国际奥林匹克大家庭的服务、各类主体赛事服务（包括赛事交通、餐饮和住宿）、大型活动、场馆赛期运行、冰上场馆制冷剂、场馆保障、废弃物、其他（奖牌、特许商品等）。

第二项，场馆和交通基础设施。主要包括：场馆建设及改造、交通基础设施建设及赛事物流服务。

第三项，观众。主要包括：餐饮、住宿、废弃物。

② 选择核算方法。许多情况下无法进行直接监测或直接监测费用过高时，通过监测浓度和流速直接测量温室气体排放量难以实施。这时，可以根据燃料消耗量计算出精确的排放数据。最普遍的温室气体排放量计算办法是采用有记录的排放因子来计算。排放因子是经过计算得出的排放源活动水平与温室气体排放量之间的比率。

对多数核算者而言，可以采用公布的排放因子并按照购买的商业燃料（如天然气和取暖用油）数量计算第一项的温室气体排放量。第二项的温室气体排放量主要通过电表显示的用电量以及特定供应商、本地电网或其他机构公布的排放因子来计算。第三项的温室气体排放量主要通过燃料用量或旅客里程等活动数据、公布的或第三方的排放因子来计算。多数情况下，如果有具体排放源或设施的排放因子，应该优先使用这些因子而非通用的排放因子。

北京冬奥会温室气体排放量核算采用各类排放源活动水平数据与对应的排放因子相乘后加和的方法。

$$温室气体排放总量=\sum(活动水平\times排放因子)$$

其中，活动水平是指一段时间内，人类活动导致排放量或清除量的数据。

考虑到价值量活动水平指标受汇率、通货膨胀、可比性较差等因素影响，北京冬奥会温室气体排放源的活动水平数据全部采用实物量。如场馆建设期温室气体排放源的活动水平数据为场馆建筑总面积（基准线估算）或物料消耗量（实际排放量核算）。

（5）核算结果　经核算，北京冬奥会2016年1月至2021年6月温室气体排放总量为48.9万吨二氧化碳当量，各年度排放量占比依次分别为1.1%、1.6%、25.3%、42.4%、18.0%和11.5%。前三大排放源分别为交通基础设施（实际排放总量的比重为50.0%）、场馆建设改造（占比41.3%）和北京冬奥组委（占比7.5%），如图2-3所示。

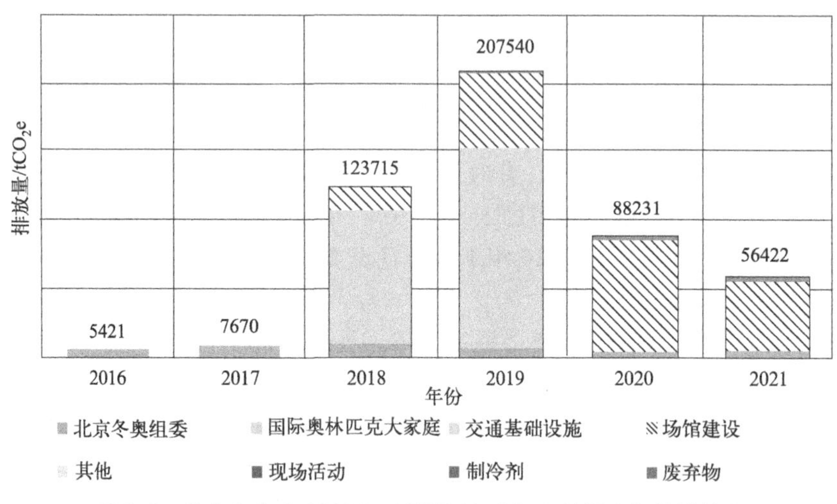

图2-3　北京冬奥会2016年1月至2021年6月温室气体排放量

资料来源：北京冬奥组委《北京冬奥会低碳管理报告（赛前）》

2016—2021年实际温室气体排放总量为48.9万吨二氧化碳当量，预估2022年赛时及赛后处理阶段将产生的温室气体排放总量为53.9万吨二氧化碳当量。预计2016—2022年北京冬奥会实际温室气体排放量为102.8万吨二氧化碳当量。

（6）碳抵消（碳中和）方法学原则

① 明确碳管理责任。北京冬奥会明确各部门责任，在赛前、赛时和赛后全过程实施低碳管理，推进实施减排措施，定期核算碳排放量。同时，选择具有资质的第三方核查机构对场馆碳排放量、减排量核算过程进行核查。对无法避免和无法减排的排放量采取抵消措施。

② 符合国际标准。为实现透明、具有公信力，北京冬奥会选取符合国际标准的、高质量的碳抵消产品，并经过具有资质的第三方核查机构进行核查。

③ 抵消产品透明。北京冬奥会碳排放量、碳减排量、碳抵消量核算公开、透明，公开具体抵消产品的类别及其数量。

④ 额外性。指项目产生的增加碳汇量或者减排量相对于常态情景是额外的。与常态情景相比，该项目增加碳汇量或者减少的温室气体排放量就是该项目的效益。

⑤ 鼓励多方参与。北京冬奥会鼓励北京市、张家口市捐赠符合要求的林业碳汇；鼓励合作伙伴和涉奥企业赞助高质量的碳抵消产品；通过碳普惠制等措施，倡导公众通过低碳出行、低碳生活等行为参与自主减排行动。

（7）碳抵消措施　北京冬奥会碳抵消主要采取三种方式：林业碳汇、企业赞助和碳普惠制。

从申办北京冬奥会开始，造林项目就被确定为碳抵消的主要措施。自此，北京 2022 年冬奥会的植树造林碳抵消计划得以制定，这使得项目的额外性得到了明显的体现。京冀生态水源保护林建设工程在 2016 年 1 月至 2021 年 11 月期间以及北京市新一轮百万亩造林绿化工程在 2018 年 1 月至 2021 年 8 月期间的碳汇量，均已计量、监测并核证后捐赠给北京冬奥组委。主要抵消措施见表 2-3。

表 2-3　北京冬奥会碳抵消措施

抵消措施名称	碳抵消量（tCO_2e）
北京市新一轮百万亩造林绿化工程	530000
京冀生态水源保护林建设工程	570000
合作伙伴赞助	600000
合计	1700000

表 2-3 中碳抵消合计为 170 万吨，远超预计实际产生的 102.8 万吨二氧化碳当量。因此，可以说北京冬奥会有望创造正的环境效益，超越净零排放的碳中和目标，达到负碳排放的碳积极或者气候积极目标。

第三节　温室气体减排措施与对策

在全球气候变暖引起人类重视后，二氧化碳等温室气体的排放成为经济社会发展的一个重要约束条件，这意味着经济社会发展模式发生了重大变化。为此，国务院专门发布《“十四五”节能减排综合工作方案》（国发〔2021〕33 号）。

低碳发展是指通过多种途径减少碳排放，发展以低能耗、低排放、低污染为特征的经济模式，其目标是将大气温度保持在合理水平，减少子孙后代的经济社会发展成本。

低碳发展是“低碳”和“发展”的有机结合，降低二氧化碳排放只代表了“低碳”，“发展”还意味着效率或效益或竞争力的提高，若因“低碳”而损害了“发展”，则不是真正意义上的低碳发展。我们需要的是在“低碳”的同时能实现“发展”的目标。

一、基本原则

1. 政府引导，市场调节

充分发挥政府的引导作用和市场配置资源的决定性作用，落实控制温室气体排放的目标和责任，调动企业、中介组织及公众参与的积极性、主动性和创造性，构建政府、企业、社会共同推动低碳发展的新格局。

2. 统筹协调，有序推进

统筹经济发展与控制温室气体排放的关系，协调各地区、各部门形成合力，积极稳妥有序开展控制温室气体排放工作，努力实现绿色、低碳、可持续的发展目标。

3. 科技支撑，制度保障

充分发挥科技进步的先导性和基础性作用，加快低碳技术和产品的研发和推广，为控制温室气体排放提供科技支撑。建立和完善控制温室气体排放统计、碳排放权交易等制度，形成有利于低碳发展的制度保障体系。

二、实施节能减排重点工程

（一）重点行业绿色升级工程

以钢铁、有色金属、建材、石化化工等行业为重点，推进节能改造和污染物深度治理。推广高效精馏系统、高温高压干熄焦、富氧强化熔炼等节能技术，鼓励将高炉—转炉长流程炼钢转型为电炉短流程炼钢。推进钢铁、水泥、焦化行业及燃煤锅炉超低排放改造，大气污染防治重点区域燃煤锅炉全面实现超低排放。加强行业工艺革新，实施涂装类、化工类等产业集群分类治理，开展重点行业清洁生产和工业废水资源化利用改造。推进新型基础设施能效提升，加快绿色数据中心建设。通过实施节能降碳行动，钢铁、电解铝、水泥、平板玻璃、炼油、乙烯、合成氨、电石等重点行业产能和数据中心达到能效标杆水平的比例超过 30%。

（二）园区节能环保提升工程

引导工业企业向园区集聚，推动工业园区能源系统整体优化和污染综合整治，鼓励工业企业、园区优先利用可再生能源。以省级以上工业园区为重点，推进供热、供电、污水处理、中水回用等公共基础设施共建共享，对进水浓度异常的污水处理厂开展片区管网系统化整治，加强一般固体废物、危险废物集中贮存和处置，推动挥发性有机物、电镀废水及特征污染物集中治理等“绿岛”项目建设。

（三）城镇绿色节能改造工程

全面推进城镇绿色规划、绿色建设、绿色运行管理，推动低碳城市、韧性城市、海绵城市、“无废城市”建设。全面提高建筑节能标准，加快发展超低能耗建筑，积极推进既有建筑节能改造、建筑光伏一体化建设。因地制宜推动北方地区清洁取暖，加快工业余热、可再生能源等在城镇供热中的规模化应用。实施绿色高效制冷行动，以建筑中央空调、数据中心、商务产业园区、冷链物流等为重点，更新升级制冷技术、设备，优化负荷供需匹配，大幅提升制冷系统能效水平。实施公共供水管网漏损治理工程。

（四）交通物流节能减排工程

推动绿色铁路、绿色公路、绿色港口、绿色航道、绿色机场建设，有序推进充换电、加注（气）、加氢、港口机场岸电等基础设施建设。提高城市公交、出租、物流、环卫清扫等车辆使用新能源汽车的比例。加快大宗货物和中长途货物运输“公转铁”“公转水”，大力发展铁水、公铁、公水等多式联运。全面实施汽车国六排放标准和非道路移动柴油机械国四排放标准，基本淘汰国三及以下排放标准汽车。深入实施清洁柴油机行动，鼓励重型柴油货车更新替代。实施汽车排放检验与维护制度，加强机动车排放召回管理。加强船舶清洁能源动力推广应用，推动船舶岸电受电设施改造。提升铁路电气化水平，推广低能耗运输装备，推动实施铁路内燃机车国一排放标准。大力发展智能交通，积极运用大数据优化运输组织模式。加快绿色仓储建设，鼓励建设绿色物流园区。加快标准化物流周转箱推广应用。全面推广绿色快递包装，引导电商企业、邮政快递企业选购使用获得绿色认证的快递包装产品。

（五）农业农村节能减排工程

加快风能、太阳能、生物质能等可再生能源在农业生产和农村生活中的应用，有序推进农村清洁取暖。推广应用农用电动车辆、节能环保农机和渔船，发展节能农业大棚，推进农房节能改造和绿色农房建设。强化农业面源污染防治，推进农药化肥减量增效、秸秆综合利用，加快农膜和农药包装废弃物回收处理。深入推进规模养殖场污染治理，整县推进畜禽粪污资源化利用。整治提升农村人居环境，提高农村污水垃圾处理能力，基本消除较大面积的农村黑臭水体。

（六）公共机构能效提升工程

加快公共机构既有建筑围护结构、供热、制冷、照明等设施设备节能改造，鼓励采用能源费用托管等合同能源管理模式。率先淘汰老旧车，率先采购使用节能和新能源汽车，新建和既有停车场要配备电动汽车充电设施或预留充电设施安装条件。推行能耗定额管理，全面开展节约型机关创建行动。

（七）重点区域污染物减排工程

持续推进大气污染防治重点区域秋冬季攻坚行动，加大重点行业结构调整和污染治理力度。以大气污染防治重点区域及珠三角地区、成渝地区等为重点，推进挥发性有机物和氮氧化物协同减排，加强细颗粒物和臭氧协同控制。持续打好长江保护修复攻坚战，扎实推进城镇污水垃圾处理和工业、农业面源、船舶、尾矿库等污染治理工程。

（八）煤炭清洁高效利用工程

要立足以煤为主的基本国情，坚持先立后破，严格合理控制煤炭消费增长，抓好煤炭清洁高效利用，推进存量煤电机组节煤降耗改造、供热改造、灵活性改造“三改联动”，持续推动煤电机组超低排放改造。稳妥有序推进大气污染防治重点区域燃料类煤气发生炉、燃煤热风炉、加热炉、热处理炉、干燥炉（窑）以及建材行业煤炭减量，实施清洁电力和天然气替代。推广大型燃煤电厂热电联产改造，充分挖掘供热潜力，推动淘汰供热管网覆盖范围内的燃煤锅炉和散煤。加大落后燃煤锅炉和燃煤小热电退出力度，推动以工业余热、电厂余热、清洁能源等替代煤炭供热（蒸汽）。

（九）挥发性有机物综合整治工程

推进原辅材料和产品源头替代工程，实施全过程污染物治理。以工业涂装、包装印刷等行业为重点，推动使用低挥发性有机物含量的涂料、油墨、胶黏剂、清洗剂。深化石化化工等行业挥发性有机物污染治理，全面提升废气收集率、治理设施同步运行率和去除率。对易挥发有机液体储罐实施改造，对浮顶罐推广采用全接液浮盘和高效双重密封技术，对废水系统高浓度废气实施单独收集处理。加强油船和原油、成品油码头油气回收治理。

（十）环境基础设施水平提升工程

加快构建集污水、垃圾、固体废物、危险废物、医疗废物处理处置设施和监测监管能力于一体的环境基础设施体系，推动形成由城市向建制镇和乡村延伸覆盖的环境基础设施网络。推进城市生活污水管网建设和改造，实施混错接管网改造、老旧破损管网更新修复，加快补齐处理能力缺口，推行污水资源化利用和污泥无害化处置。建设分类投放、分类收集、分类运输、分类处理的生活垃圾处理系统。

三、健全节能减排政策机制

（一）优化完善能耗双控制度

坚持节能优先，强化能耗强度降低约束性指标管理，有效增强能源消费总量管理弹性，加强能耗双控政策与碳达峰、碳中和目标任务的衔接。以能源产出率为重要依据，综合考虑发展阶段等因素，合理确定各地区能耗强度降低目标。完善能源消费总量指标确定方式，各省（自治区、直辖市）根据地区生产总值增速目标和能耗强度降低基本目标确定年度能源消费总量目标，经济增速超过预期目标的地区可相应调整能源消费总量目标。对能耗强度降低达到国家下达的激励目标的地区，其能源消费总量在当期能耗双控考核中免予考核。原料用能不纳入全国及地方能耗双控考核。有序实施国家重大项目能耗单列，支持国家重大项目建设。加强节能形势分析预警，对高预警等级地区加强工作指导。推动科学有序实行用能预算管理，优化能源要素合理配置。

（二）健全污染物排放总量控制制度

坚持精准治污、科学治污、依法治污，把污染物排放总量控制制度作为加快绿色低碳发展、推动结构优化调整、提升环境治理水平的重要抓手，推进实施重点减排工程，形成有效减排能力。优化总量减排指标分解方式，按照可监测、可核查、可考核的原则，将重点工程减排量下达地方，污染治理任务较重的地方承担相对较多的减排任务。改进总量减排核算方法，制定核算技术指南，加强与排污许可、环境影响评价审批等制度衔接，提升总量减排核算信息化水平。完善总量减排考核体系，健全激励约束机制，强化总量减排监督管理，重点核查重复计算、弄虚作假特别是不如实填报削减量和削减来源等问题。

（三）坚决遏制高耗能高排放项目盲目发展

根据国家产业规划、产业政策、节能审查、环境影响评价审批等政策规定，对在建、拟建、建成的高耗能高排放项目（以下称“两高”项目）开展评估检查，建立工作清单，明确处置意见，严禁违规“两高”项目建设、运行，坚决拿下不符合要求的“两高”项目。加强对“两高”项目节能审查、环境影响评价审批程序和结果执行的监督评估，对审批能力不适应的依法依规调整上收审批权。对年综合能耗 5 万吨标准煤[1]及以上的“两高”项目加强工作指导。严肃财经纪律，指导金融机构完善“两高”项目融资政策。

（四）健全法规标准

推动制定修订资源综合利用法、节约能源法、循环经济促进法、清洁生产促进法、环境影响评价法及生态环境监测条例、民用建筑节能条例、公共机构节能条例等法律法规，完善固定资产投资项目节能审查、电力需求侧管理、非道路移动机械污染防治管理等办法。对标国际先进水平制定修订一批强制性节能标准，深入开展能效、水效领跑者引领行动。制定修订居民消费品挥发性有机物含量限制标准和涉挥发性有机物重点行业大气污染物排放标准，进口非道路移动机械执

---

[1] 1 吨标准煤（1tce）$=29.3\times10^{6}$kJ。

行国内排放标准。研究制定下一阶段轻型车、重型车排放标准和油品质量标准。

（五）完善经济政策

各级财政加大节能减排支持力度，统筹安排相关专项资金支持节能减排重点工程建设，研究对节能目标责任评价考核结果为超额完成等级的地区给予奖励。逐步规范和取消低效化石能源补贴。扩大中央财政北方地区冬季清洁取暖政策支持范围。建立农村生活污水处理设施运维费用地方各级财政投入分担机制。扩大政府绿色采购覆盖范围。健全绿色金融体系，大力发展绿色信贷，支持重点行业领域节能减排，用好碳减排支持工具和支持煤炭清洁高效利用专项再贷款，加强环境和社会风险管理。鼓励有条件的地区探索建立绿色贷款财政贴息、奖补、风险补偿、信用担保等配套支持政策。加快绿色债券发展，支持符合条件的节能减排企业上市融资和再融资。积极推进环境高风险领域企业投保环境污染责任保险。落实环境保护、节能节水、资源综合利用税收优惠政策。完善挥发性有机物监测技术和排放量计算方法，在相关条件成熟后，研究适时将挥发性有机物纳入环境保护税征收范围。强化电价政策与节能减排政策协同，持续完善高耗能行业阶梯电价等绿色电价机制，扩大实施范围、加大实施力度，落实落后“两高”企业的电价上浮政策。深化供热体制改革，完善城镇供热价格机制。建立健全城镇污水处理费征收标准动态调整机制，具备条件的东部地区、中西部城市近郊区探索建立受益农户污水处理付费机制。

（六）完善市场化机制

深化用能权有偿使用和交易试点，加强用能权交易与碳排放权交易的统筹衔接，推动能源要素向优质项目、企业、产业及经济发展条件好的地区流动和集聚。培育和发展排污权交易市场，鼓励有条件的地区扩大排污权交易试点范围。推广绿色电力证书交易。全面推进电力需求侧管理。推行合同能源管理，积极推广节能咨询、诊断、设计、融资、改造、托管等“一站式”综合服务模式。规范开放环境治理市场，推行环境污染第三方治理，探索推广生态环境导向的开发、环境托管服务等新模式。强化能效标识管理制度，扩大实施范围。健全统一的绿色产品标准、认证、标识体系，推行节能低碳环保产品认证。

（七）加强统计监测能力建设

严格实施重点用能单位能源利用状况报告制度，健全能源计量体系，加强重点用能单位能耗在线监测系统建设和应用。完善工业、建筑、交通运输等领域能源消费统计制度和指标体系，探索建立城市基础设施能源消费统计制度。优化污染源统计调查范围，调整污染物统计调查指标和排放计算方法。构建覆盖排污许可持证单位的固定污染源监测体系，加强工业园区污染源监测，推动涉挥发性有机物排放的重点排污单位安装在线监控监测设施。加强统计基层队伍建设，强化统计数据审核，防范统计造假、弄虚作假，提升统计数据质量。

（八）壮大节能减排人才队伍

健全省、市、县三级节能监察体系，加强节能监察能力建设。重点用能单位按要求设置能源管理岗位和负责人。加强县级及乡镇基层生态环境监管队伍建设，重点排污单位设置专职环保人员。加大政府有关部门及监察执法机构、企业等节能减排工作人员培训力度，通过业务培训、比赛竞赛、经验交流等方式提高业务水平。开发节能环保领域新职业，组织制定相应职业标准。

第四节　碳排放管理体系

一、碳源和碳汇

碳源与碳汇是两个相对的概念，皆源自《京都议定书》。碳源是指向大气中释放碳的过程、活动或机制。碳源既存在于自然界中的海洋、土壤、岩石与生物体内，也包括工业生产、生活等活动产生二氧化碳等温室气体。碳汇是指通过植树造林、森林管理、植被恢复等措施，利用植物光合作用吸收大气中的二氧化碳，并将其固定在植被和土壤中，从而减少温室气体在大气中浓度的过程、活动或机制。可以发现，碳源是指自然界和人类社会向地球大气环境排放碳的母体，而碳汇则是自然界中碳的寄存体。一般来说，减少碳源的必要手段是控制二氧化碳排放量，增加碳汇则主要采用物理固碳和生物固碳技术。物理固碳是将二氧化碳长期储存在开采过的油气井、煤层和深海里。生物固碳是利用植物的光合作用，通过控制碳通量以提高生态系统的碳吸收和碳储存能力，主要包括三个方面：一是保护现有碳库，即通过生态系统管理技术，加强农业和林业的管理，从而保持生态系统的长期固碳能力；二是扩大碳库来增加固碳，主要是改变土地利用方式，并通过选种、育种和种植技术，增加植物的生产力，增加固碳能力；三是可持续地生产生物产品，如用生物质能替代化石能源等。

此外需要特别注意的是林业在应对气候变化中具有特殊地位，已被纳入应对气候变化的国际进程。通过植树造林、加强森林经营增加碳汇和保护森林减少排放是国际社会公认的未来30～50年减缓和适应气候变化成本较低、经济可行的重要措施。而碳汇“交易”对于创新林业发展机制，建立森林生态效益市场化的新机制也十分有利。集体林改后，农民获得了林地的使用权和林木所有权。虽然短期内难以从中获得经济收益，但如果能使森林的生态服务功能价值化，就可以弥补森林经营周期长、短期没有经济收益的问题。同时，企业通过捐资碳汇帮助农民造林或者搞好森林经营，将来树的延伸产品价值就可以归农民所有，企业可以从中积累碳信用指标，为企业未来发展储存了更大的生存空间。

减少碳源和增加碳汇是实现碳中和的两个重要抓手。目前，在人类可期待的时间之内，绿碳（陆地生物圈之碳）、蓝碳（水圈之碳）、灰碳（大气圈之碳）是可逆、可循环的，绿碳变灰碳，灰碳也可变回绿碳，蓝碳变灰碳，灰碳也可变回蓝碳。然而，人类在利用石油、煤炭、天然气等化石能源的过程中向大气圈排放大量的碳，但是大气圈中游离的碳却再也无法被固定到石油、煤炭等化石能源中。即黑碳正在大量转变为灰碳，而灰碳无法变回黑碳，这就阻断了自然界中的碳循环，是导致人类现代化进程中地球碳危机的根源所在。因此，减少碳源，重点就是减少由黑碳利用导致的碳排放，即推动“节能减排”，抑制黑碳向灰碳转化。要努力增加生态碳汇，尤其是要充分利用好森林生态系统的固碳能力。

二、碳交易

碳交易是温室气体排放权交易的统称，在《京都议定书》要求减排的二氧化碳、甲烷、一氧化二氮、氢氟碳化物、全氟碳化物、六氟化硫等六种温室气体中，二氧化碳为最大宗，因此，温室气体排放权交易以每吨二氧化碳当量（tCO_2e）为计算单位。在排放总量控制的前提下，包括二氧化碳在内的温室气体排放权成为一种稀缺资源，从而具备了商品属性。

联合国政府间气候变化专门委员会通过艰难谈判，于1992年5月9日通过《联合国气候变化框架公约》（简称《公约》）。1997年12月于日本京都通过了《公约》的第一个附加协议，即《京都议定书》（简称《议定书》）。《议定书》把市场机制作为解决二氧化碳为代表的温室气体减排问题的新路径，即把二氧化碳排放权作为一种商品，从而形成了二氧化碳排放权的交易，简称碳交易。

碳交易基本原理是合同的一方通过支付另一方获得温室气体减排额，买方可以将购得的减排额用于减缓温室效应从而实现其减排的目标。其交易市场称为碳市场（carbon market）。在碳市场的构成要素中，规则是最初的也是最重要的核心要素。有的规则具有强制性，如《议定书》便是碳市场的最重要强制性规则之一。碳排放权交易体系（ETS）是指以控制温室气体排放为目的，以温室气体排放权配额或温室气体减排信用为标的物所进行的市场交易。根据标的物的差别，分为了强制碳交易体系和自愿减排交易体系，前者主要交易温室气体排放权（碳配额），后者交易碳信用（减排量）。根据国际碳行动伙伴组织的统计数据，截至2023年1月，全球正在运行的碳交易体系共28个，覆盖全球17%的温室气体排放、55%以上的GDP以及近1/3的人口。世界银行发布的《2024年碳定价发展现状与未来趋势》年度报告显示，2023年碳定价收入达到创纪录的1040亿美元，同比增长了约4%。

世界上的主要碳交易所有五个：欧盟排放交易体系（European Union Emission Trading Scheme，EU-ETS）、英国排放权交易制（UK Emissions Trading Group，ETG）、芝加哥气候交易所（Chicago Climate Exchange，CCX）、澳大利亚国家信托（National Trust of Australia，NSW）、新加坡气候影响力交易所（Climate Impact X，CIX）。

2017年底，中国启动碳排放权交易。2021年元旦起，全国碳市场发电行业第一个履约周期正式启动。2021年7月16日，全国碳排放权交易市场开市。

总体而言，碳交易市场可以简单地分为配额碳交易市场和自愿碳交易市场。配额碳交易市场为那些有温室气体排放上限的国家或企业提供碳交易平台，以满足其减排；自愿碳交易市场则是从其他目标出发（如企业社会责任、品牌建设、社会效益等），自愿进行碳交易以实现其目标。

（1）配额碳交易市场　配额碳交易市场（见图2-4）可以分成两大类，一是基于配额的交易，买家在“总量管制与交易制度”体制下购买由管理者制定、分配（或拍卖）的减排配额，譬如《京都议定书》下的分配数量单位（AAUs）和欧盟排放交易体系（EU-ETS）下的欧盟配额（EUAs）；二是基于项目的交易，买主向可证实降低温室气体排放的项目购买减排额，最典型的此类交易为清洁发展机制（CDM）以及联合履行机制（JI）下分别产生核证减排量（CERs）和减排单位（ERUs）。

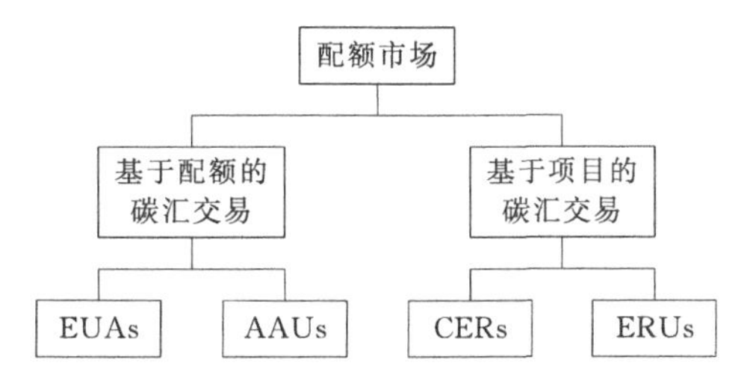

图2-4　配额碳交易市场

① 欧盟碳排放配额。简单地说就是欧盟国家的许可碳排放量。欧盟所有成员国都制定了国家分配方案（NAP），明确规定成员国每年的二氧化碳许可排放量（与《京都议定书》规定的减排标准相一致），各国政府根据本国的总排放量向各企业分发碳排放配额。如果企业在一定期限内没有使用完碳排放配额，则可以出售；一旦企业的排放量超出分配的配额，就必须从没有用完配额的企业手中购买配额。

《京都议定书》的减排目标规定欧盟国家在 2008—2012 年平均比 1990 年排放水平削减 8%，由于欧盟各成员国的经济和减排成本存在差异，为降低各国减排成本，欧盟于 2003 年 10 月 25 日提出建立欧盟排放交易体系（EU-ETS），该体系于 2005 年 1 月成立并运行，成为全球最大的多国家、多领域温室气体排放权交易体系。该体系的核心部分就是碳排放配额的交易。

欧盟排放交易体系共包括约 12000 家大型企业，主要分布在能源密集度较高的重化工行业，包括能源、采矿、有色金属制造、水泥、石灰石、玻璃、陶瓷、制浆造纸等。

② 协商确定排放配额。《联合国气候变化框架公约》缔约方国家（发达国家）之间协商确定排放配额（AAU）。这些国家根据各自的减排承诺被分配各自的排放上限，并根据本国实际的温室气体排放量，对超出其排放配额的部分或者剩余的部分，通过国际市场购买或者出售。

协商确定的排放配额只分配给缔约方国家（发达国家），因此很多东欧国家特别是俄罗斯、乌克兰、罗马尼亚等近年来由于制造业的衰退，成为排放配额市场的净出口国与最大受益国。东欧国家的排放配额盈余被称为“热空气”，由于这些“热空气”并非来自节能与能效提高，而是来自产业缩水，所以大部分国家不愿意购买这些“热空气”，因为花钱购买这些配额似乎并不具有减排意义。

③ 核证减排量（CERs）。指缔约方（发达国家）以提供资金和技术的方式，与发展中国家开展项目级合作（通过清洁发展机制），项目所实现的核证减排量可经过碳交易市场用于国家完成《京都议定书》减排目标的承诺。核证减排量是碳交易配额市场中最重要的基于项目的可交易碳汇。

（2）自愿碳交易市场　自愿碳交易市场（见图 2-5）早在强制性减排市场建立之前就已经存在，由于其不依赖法律进行强制性减排，因此其中的大部分交易也不需要对获得的减排量进行统一的认证与核查。虽然自愿减排市场缺乏统一管理，但是机制灵活，从申请、审核、交易到完成所需时间相对更短，价格也较低，主要被用于企业的市场营销、企业社会责任、品牌建设等。虽然目前该市场碳交易额所占的比例很小，不过潜力巨大。

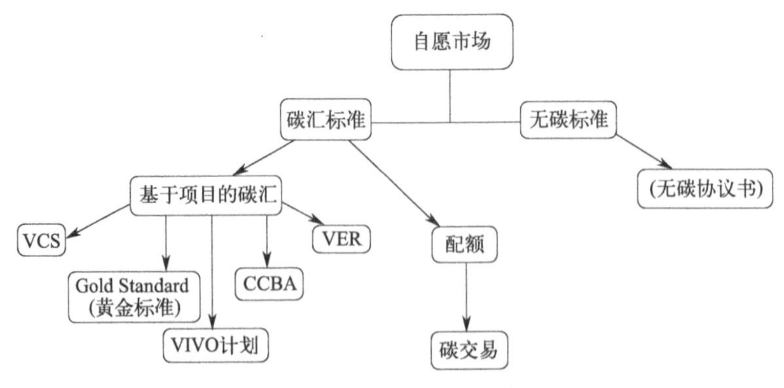

图 2-5　自愿碳交易市场

从总体来讲，自愿碳交易市场分为碳汇标准与无碳标准交易两种。自愿市场碳汇交易的配额部分，主要的产品有芝加哥气候交易所（CCX）开发的CFI（碳金融工具）。自愿市场碳汇交易基于项目部分，内容比较丰富，近年来不断有新的计划和系统出现，主要包括自愿减排量（VER）的交易。同时很多非政府组织从环境保护与气候变化的角度出发，开发了很多自愿减排碳交易产品，比如农林减排体系（VIVO）计划，主要关注在发展中国家造林与环境保护项目；气候、社区和生物多样性联盟（CCBA）开发的项目设计标准（CCB），以及由气候集团、世界经济论坛和国际碳交易联合会（IETA）联合开发的温室气体自愿减量认证标准（VCS）也具有类似性。至于自愿市场的无碳标准，则是在《京都议定书》的框架下发展的一套相对独立的四步骤碳抵消方案（评估碳排放、自我减排、通过能源与环境项目抵消碳排放、第三方认证），实现无碳目标。

三、碳排放管理体系

为贯彻落实国务院发布的《“十四五”节能减排综合工作方案》（国发〔2021〕33号）、国家认监委与国家发展改革委发布的《能源管理体系认证规则》（2014年第21号），全国各大企业都应该制订对应的碳排放管理体系和必要的管理过程，提高其碳排放绩效，包括降低碳排放总量和碳排放强度，促进碳排放权交易工作的开展。企业组织建立、实施、保持和改进碳排放管理体系的良好运行，旨在使企业能够采用系统的方法实施碳排放核算和报告，控制碳排放，从而实现碳排放绩效的目标，包括企业的碳排放总量、碳排放强度的持续改进。

1. 碳排放管理体系的原则

① 按照国发〔2021〕33号的要求建立碳排放管理体系，补充编制和完善必要的管理程序，并按照文件要求组织具体工作的实施；体系建立后应确保日常工作按照文件要求持续有效运行，并不断完善与体系相关的文件。

② 界定碳排放管理体系的范围和边界，并在有关文件中明确。

③ 策划并确定可行的方法，以满足各项要求，持续改进碳排放绩效和碳排放管理体系。

2. 管理职责

（1）最高管理者　最高管理者应承诺支持碳排放管理体系，并持续改进其有效性。主要职责如下：

a. 确立碳排放方针，并实践和保持碳排放方针；

b. 任命管理者代表，批准组建碳排放管理团队；

c. 提供碳排放管理体系建立、实施、保持和持续改进所需要的资源，达到碳排放绩效目标；

d. 确定碳排放管理体系的范围和边界；

e. 在内部传达碳排放核算、报告、控制、交易和遵约的重要性；

f. 确保建立碳排放目标和指标；

g. 确保碳排放绩效参数适用于本企业；

h. 在长期规划中考虑碳排放绩效问题；

i. 确保按照规定的时间间隔评价和报告碳排放管理的结果；

j. 实施管理评审。

（2）管理者代表　最高管理者应指定具有相应技术和能力的人担任管理者代表。主要职责如下：

a. 确保按照文件要求建立、实施、保持和持续改进碳排放管理体系；

b. 指定相关人员，并由相应的管理层授权，共同开展碳排放管理活动；

c. 向最高管理者报告碳排放绩效；

d. 向最高管理者报告碳排放管理体系绩效；

e. 确保策划有效的碳排放管理活动，以落实碳排放方针；

f. 在企业内部明确规定和传达碳排放管理体系的职责和权限，以有效推动碳排放管理；

g. 制订能够确保碳排放管理体系有效控制和运行的准则和方法；

h. 提高全员对碳排放方针和碳排放目标的认识。

3. 碳排放方针

碳排放方针应阐述企业为持续改进碳排放绩效所作的承诺。最高管理者应制订碳排放方针，并确保其满足：

a. 与企业碳排放的特点、规模相适应；

b. 包括改进碳排放绩效的承诺；

c. 包括提供可获得的信息和必需的资源的承诺，以确保实现碳排放目标和指标；

d. 包括企业遵守碳排放核算、报告、控制、交易及遵约等相关的法律法规及其他要求的承诺；

e. 为制订和评审碳排放目标和指标提供框架；

f. 支持高效产品和服务以及低排放强度能源的采购，以及改进碳排放绩效的设计；

g. 形成文件，在内部不同层面得到沟通、传达；

h. 根据需要定期评审和更新。

4. 碳排放管理体系的策划

（1）总则　企业应进行碳排放管理的策划，形成文件。策划应与碳排放方针保持一致，并保证持续改进碳排放绩效。策划应包含对碳排放绩效有影响活动的评审。

（2）法律法规和其他要求　企业应建立渠道获取碳排放核算、报告、控制、交易及遵约等相关的法律法规和其他要求。企业应确定原则和方法，以确保将法律法规及其他要求应用于碳排放管理活动中，并确保在建立、实施和保持碳排放管理体系时考虑这些要求。企业应在规定时间间隔内评审法律法规和其他要求。

（3）碳排放源　企业应建立、实施并保持一个或多个程序，目的如下：

a. 识别企业产生直接排放和间接排放的碳排放源，此时应考虑已经纳入计划的或新建的设施产生的碳排放源；

b. 对识别出的碳排放源加以分类，识别和分类的详细程度宜与所采用的核算和报告指南相一致；

c. 确定主要排放源。

企业应将这些信息形成文件并及时更新，确保在建立、实施和保持碳排放管理体系时，对主要排放源加以考虑。

（4）碳排放目标、指标和碳排放管理实施方案　企业应建立、实施和保持碳排放目标、指标，覆盖相关职能、层次、过程或设施等层面，并形成文件。碳排放目标和指标应与碳排放方针保持一致，碳排放指标应与碳排放目标保持一致。建立和评审碳排放目标、指标时，企业应考虑法律法规和其他要求（如排放配额）、主要排放源以及改进碳排放绩效的机会。同时也应考虑财务、运营、经营条件、可选择的技术、是否可核算和报告、经核证的碳减排量和配额的价格与减排成本的对比以及相关方的意见。

企业应建立、实施和保持碳排放管理实施方案以实现碳排放目标、指标。碳排放管理实施方案应包括：

a. 职责的明确；

b. 达到每项指标的方法和时间进度，可包括购买或出售经核证的减排量或配额；

c. 验证碳排放绩效改进的方法；

d. 验证结果的方法。

碳排放管理实施方案应形成文件，并定期更新。

5. 实施和运行

(1) 总则　企业在实施和运行过程中，应使用策划阶段产生的碳排放管理实施方案及其他结果。

(2) 能力、意识和培训　企业应确保与碳排放管理相关的人员具有基于相应教育、培训、技能或经验所要求的能力，无论这些人员是为企业还是代表企业工作。企业应识别与主要排放源及与碳排放管理体系运行控制有关的培训需求，并提供培训或采取其他措施来满足这些需求。企业应保持适当的记录，应确保为其或代表其工作的人员认识到：

a. 符合碳排放方针、程序和碳排放管理体系要求的重要性；

b. 满足碳排放管理体系要求的作用、职责和权限；

c. 改进碳排放绩效所带来的益处；

d. 自身活动对碳排放核算、报告、控制、交易和遵约产生的实际或潜在的影响，其活动和行为对实现碳排放目标和指标的贡献，以及偏离规定程序的潜在后果。

(3) 信息交流　企业应根据自身的规模，建立关于碳排放绩效、碳排放管理体系运行的内部沟通机制。

企业应建立和实施一个机制，使得任何为其或代表其工作的人员能为碳排放管理体系的改进提出建议和意见。

企业应决定是否与外界开展与碳排放方针、碳排放管理体系和碳排放绩效有关的信息交流，并将此决定形成文件。如果决定与外界进行交流，企业应制订外部交流的方法并实施。

(4) 制订文件

① 企业应以纸质、电子或其他形式建立、实施和保持信息，描述碳排放管理体系核心要素及其相互关系。碳排放管理体系文件应包括：

a. 碳排放管理体系的范围和边界；

b. 碳排放方针；

c. 碳排放目标、指标和碳排放管理实施方案；

d. 本文件要求的文件，包括记录；

e. 企业根据自身需要确定的其他文件。

② 企业应控制本文件所要求的文件、其他碳排放管理体系相关的文件，适当时包括技术文件。企业应建立、实施和保持程序，以便：

a. 发布前确认文件适用性；

b. 必要时定期评审和更新；

c. 确保对文件的更改和现行修订状态作出标识；

d. 确保在使用时可获得适用文件的相关版本；

e. 确保字迹清楚，易于识别；

f. 确保企业策划、运行碳排放管理体系所需的外来文件得到识别，并对其分发进行控制；

g. 防止对过期文件的非预期使用。如需将其保留，应作适当的标识。

（5）碳排放核算、报告、控制、交易和遵约

① 企业应识别和策划碳排放核算和报告活动，使之为碳排放方针、目标、指标和碳排放管理实施方案提供可靠的数据参考。企业应建立碳排放核算和报告管理程序，以便：

a. 确保核算和报告符合相关准则的要求；

b. 建立并保持有效的数据质量控制要求，包括对活动水平数据、排放因子等数据的收集、记录、传递、汇总和报告的要求；

c. 使用、维护和校准与活动水平数据、排放因子等数据有关的监测设备；

d. 制订数据缺失、生产活动变化以及报告变更方法的应对措施；

e. 确保核算和报告的数据与其预定的用途相符；

f. 将有关核算和报告的活动及记录形成文件。

② 企业应识别和策划与主要碳排放源有关的运行和维护活动，使之与碳排放方针、目标、指标和碳排放管理实施方案一致，以确保其在规定条件下按下列方式运行：

a. 建立和设置有效控制碳排放的准则，防止因缺乏该准则而导致的碳排放绩效的严重偏离；

b. 根据准则运行和维护碳排放设施、设备、系统和过程；

c. 将运行准则适当地传达给为组织或代表组织工作的人员。

③ 企业应建立、实施和保持碳排放配额管理程序，采取合理的方式实现碳排放遵约。当组织决定采用碳排放交易的方式实现遵约时，企业可考虑如下因素：

a. 法律法规的要求；

b. 碳排放绩效；

c. 遵约成本。

（6）过程设计　企业在新建和改进设施、设备、系统和过程的设计时，并对碳排放绩效具有重大影响的情况下，应考虑碳排放绩效改进的机会及运行控制。

适当时，碳排放绩效评价的结果应纳入相关项目的规范、设计和采购活动中。

（7）服务、产品、设备和能源采购　在购买与碳排放有关的服务、产品和设备时，企业应告知供应商，采购决策将部分基于对碳排放绩效的评价。当采购对碳排放绩效有重大影响的服务、产品和设备时，企业应建立和实施相关准则，评估其在计划的或预期的使用寿命内对碳排放总量和碳排放强度的影响。为实现低排放强度能源的采购，适用时，企业应制订文件化的能源采购规范。

6. 监督检查

（1）监视、测量与分析　企业应定期对影响碳排放绩效的关键特性进行定期监视、测量和分析，关键特性至少应包括：

a. 活动水平数据；

b. 排放因子；

c. 碳排放绩效参数，如碳排放总量、碳排放强度等；

d. 碳排放管理实施方案在实现碳排放目标、指标方面的有效性；

e. 实际碳排放量与预期排放量、历史同期排放量、分配配额、行业先进水平等的对比评价。

企业应保存监视、测量关键特性的记录。企业应制订和实施测量计划，且测量计划应与企业的规模、复杂程度及监视和测量设备相适应。企业应确定并定期评审测量需求。企业应确保用于监视测量关键特性的设备所提供的数据是准确、可重现的，并保存校准记录和采取其他方式以确立准确度和可重复性。企业应调查碳排放绩效中的重大偏差，并采取应对措施。企业应保持上述活动的结果。

(2) 合规性评价　企业应定期评价组织对与碳排放核算、报告和控制相关的法律法规和其他要求的遵守情况。适当时，企业应每年评价碳排放交易及配额的遵约情况。企业应保存合规性评价结果的记录。

(3) 内部审核　企业应定期进行内部审核，确保碳排放管理体系：

a. 符合预定碳排放管理的安排，包括符合本要求；

b. 符合建立的碳排放目标和指标；

c. 得到了有效的实施与保持，并改进了碳排放绩效。

企业应考虑审核的过程、区域的状态和重要性，以及以往审核的结果制订内审方案和计划。审核员的选择和审核的实施应确保审核过程的客观性和公正性。企业应记录内部审核的结果并向最高管理者汇报。

(4) 不符合纠正、纠正措施和预防措施　企业应通过纠正、纠正措施和预防措施来识别和处理实际的或潜在的不符合，包括：

a. 评审不符合或潜在不符合；

b. 确定不符合或潜在不符合的原因；

c. 评估采取措施的需求确保不符合不重复发生或不会发生；

d. 制订和实施所需的适宜的措施；

e. 保留纠正措施和预防措施的记录；

f. 评审所采取的纠正措施或预防措施的有效性。

纠正措施和预防措施应与实际的或潜在问题的严重程度以及碳排放绩效结果相适应。企业应确保在必要时对碳排放管理体系进行改进。

(5) 记录控制　企业应根据需要，建立并保持记录，以证实符合本要求以及所取得的碳排放绩效。企业应对记录的识别、检索和留存进行规定，并实施控制。相关活动的记录应清楚、标识明确，具有可追溯性。

7. 管理评审

(1) 总则　最高管理者应按策划或计划的时间间隔对企业的碳排放管理体系进行评审，以确保其持续的适宜性、充分性和有效性。企业应保存管理评审的记录。

(2) 管理评审的输入　管理评审的输入应包括以下内容：

a. 以往管理评审的后续措施；

b. 碳排放方针的评审；

c. 碳排放绩效的评审；

d. 合规性评价的结果以及组织应遵守的法律法规和其他要求的变化；

e. 碳排放控制目标和指标的实现程度；

f. 碳排放管理体系的审核结果；

g. 纠正措施和预防措施的实施情况；

h. 对下一阶段碳排放绩效的规划；

i. 改进建议。

(3) 管理评审的输出　管理评审的输出应包括与下列事项相关的决定和措施：

a. 企业碳排放绩效的变化；

b. 碳排放方针的变化；

c. 基于持续改进的承诺，企业对碳排放管理体系的目标、指标和其他要素的调整。

能力训练题

一、名词解释

碳达峰、碳中和、碳核算、碳源、碳汇、碳交易

二、简答题

1. 中国政府提出的碳达峰和碳中和的目标是什么？

2. 碳核算有哪些方法？每个方法的优缺点有哪些？

3. 温室气体减排的基本原则有哪些？

4. 节能减排的政策机制有哪些？

5. 世界上的碳交易所有哪些？

6. 简述碳排放管理体系的原则。

第三章 大气污染与保护

学习内容

大气污染发生机制、温室气体等典型大气污染、大气污染的危害、污染物在大气中的扩散稀释以及污染控制问题。

学习目标

了解大气、大气污染、大气湍流、温度层结、逆温的概念；了解稳定度、气象动力因子、气象热力因子的概念；掌握颗粒污染物的治理、气体污染物的治理、汽车尾气的治理、室内空气污染防治。

素质目标

掌握温室气体对大气污染的危害，了解温室气体对人类的影响，重点培养大气污染防治意识。

第一节 大气污染概述

一、大气与大气圈的基本概念

1. 大气和大气圈

大气是指地球周围所有空气的总和，其厚度为1000～1400km。

大气圈又叫大气层，地球被大气层包围着。大气层的成分主要有氮气（78.1%）、氧气（20.9%）、氩气（0.93%），还有少量的二氧化碳、稀有气体（氦气、氖气、氩气、氪气、氙气、氡气）和水蒸气。大气层的空气密度随高度升高而减小，越高空气越稀薄。大气层的厚度大约在1000km以上，没有明显的界线。

2. 大气圈的结构

世界气象组织按大气温度的垂直分布将大气分为对流层、平流层、中间层、热层、逸散层。其中，对人类及生物生存起着重要作用的是近地面约10km的气体层——对流层，人们常称这层气体为空气层。可见，空气的范围比大气小得多，但空气层的质量却占大气总质量的 95%左右。

（1）对流层　指接近地球表面的一层大气层，由于空气的移动是以上升气流和下降气流为主的对流运动，因此称为对流层。对流层的厚度不一，在中纬度地区的平均厚度为 10～12km，在赤道地区的为 16～18km，两极地区的为 7～10km，是大气中最稠密的一层。大气中的水汽几乎都集中于此，是展示风云变幻的“大舞台”：刮风、下雨、降雪等天气现象都是发生在对流层内。

对流层中，气温随高度升高而降低，平均每上升 100m，气温约降低 0.65℃。这是由于对流层大气的主要热源是地面长波辐射，离地面越高，受热越少，气温就越低。但在一定条件下，对流层中也会出现气温随高度增加而上升的现象，称之为“逆温现象”。由于受地表影响较大，气象要素（气温、湿度等）的水平分布不均匀。空气有规则的垂直运动和无规则的乱流混合都相当强烈。上下层水汽、尘埃、热量发生交换混合。

（2）平流层　从对流层上面，直到高于海平面 50km，气流主要表现为水平方向运动，对流现象减弱，这一大气层称为平流层，又称同温层。这里基本没有水汽，晴朗无云，很少发生天气变化，适于飞机航行。在 20～30km 高处，氧分子在紫外线作用下，形成臭氧层，像一道屏障保护着地球上的生物免受太阳高能粒子的袭击。

平流层气温随高度升高而上升，之所以与对流层相反，是因为其顶部吸收了来自太阳的紫外线而被加热。平流层的顶部气温在 270K 左右，与地面气温差不多。平流层顶部称为平流层顶，在此之上气温又会再次随高度升高而下降。至于垂直气温分层方面，由于高温层置上、低温层置下，平流层较为稳定。这是因为此处没有常规的对流活动。此层的增温是由于臭氧层吸收了来自太阳的紫外线，平流层的顶部被加热。至于平流层的底部，来自顶部的传导及下部对流层的对流刚好在底部抵消。所以，极地的平流层会于较低高度出现，因为极地的地面气温相对较低。目前大型客机大多飞行于此层，以增加飞行的稳定度。

（3）中间层　平流层以上，距离地球表面 85km，称为中间层，又称中层。层内因臭氧含量低，同时，能被氮、氧等直接吸收的太阳短波辐射已经大部分被上层大气所吸收，所以温度垂直递减率很大，对流运动强盛。

（4）热层　从 85km 到 500km 这一层，称为热层或暖层。它的特点是温度随高度升高而升高，在距地面 400km 的高空，温度可达 3000～4000℃。这一层的氧原子和氮原子处于电离状态，所以又被称为电离层。来自地表某个地点的无线电波，必须经过电离层的反射，才能传到世界各地。

在这层内，经常会出现许多有趣的天文现象，如极光、流星等。人类还借助于热层，实现短波无线电通信，使远隔重洋的人们相互沟通信息。

（5）逸散层　热层以上是外大气层，离地面 500km 以上，也叫磁力层或逸散层，延伸至距地球表面 1000km 处。它是大气层的最外层，是大气层向星际空间过渡的区域，外面没有明显的边界。这里的温度很高，可达数千摄氏度；大气已极其稀薄，其密度为海平面处的一亿亿分之一。在通常情况下，上部界限在地磁极附近较低，近磁赤道上空在向太阳一侧，有 9～10 个地球半径高，换句话说，大约有 65000km 高。在这里空气极其稀薄。通常把 1000km 之内，即电离层之内作为大气的高度，即大气层厚 1000km。

因为这一层的空气非常稀薄，温度又高，一些高速运动的空气分子和原子挣脱地球引力的束缚，逃逸到宇宙太空中去，所以，这一层又称为逸散层。

二、大气污染

1. 大气污染的概念

大气污染是指由于人类活动或自然过程，某些物质进入大气中，呈现出足够的浓度，持续足够的时间，并因此危害了人类的健康和福利或环境的现象。

2. 造成大气污染的原因

造成大气污染的原因有自然原因和人为原因两种，后者为主要原因，尤其是工业生产和交通运输等因素。主要过程由污染源排放、大气传播、人与物受害这三个环节所构成。

（1）造成大气污染的自然原因　火山喷发排放出 H_2S、CO_2、CO、SO_2 等气体及火山灰等颗粒物，森林火灾排放出 CO、CO_2、SO_2、NO 等，自然尘如风沙、土壤尘等，森林植物主要释放萜烯类碳氢化合物，海浪飞沫颗粒物主要为硫酸盐与亚硫酸盐。

在有些情况下，自然原因比人为原因更重要，据相关统计，全球氮排放量的 93%和硫氧化物排放量的 60%来自自然原因。

（2）造成大气污染的人为原因

① 工业排放。石化企业燃料的燃烧是向大气输送污染物的重要途径。燃烧时除产生大量烟尘外，还会形成一氧化碳、二氧化碳、二氧化硫、氮氧化物、有机化合物及烟尘等物质。总之，工业生产过程中排出的污染物种类非常多，危害性特别大，比如，水泥厂、化肥厂、化工厂、电冶厂、铁合金厂等在生产过程中，直接或间接地产生大量的烟雾及粉尘，对大气环境可谓是致命打击，对人体的危害也是显而易见。

② 交通运输过程的排放。汽车、船舶、飞机等排放的尾气也是造成大气污染的主要来源。内燃机燃烧排放的废气中含有一氧化碳、氮氧化物、碳氢化合物、含氧有机化合物、硫氧化物和铅的化合物等物质。

③ 农业活动排放。田间施用农药时，一部分农药会以粉尘等颗粒物形式散逸到大气中，残留在作物体上或黏附在作物表面的仍可挥发到大气中。进入大气的农药可以被悬浮的颗粒物吸收，并随气流向各地输送，造成大气农药污染。此外，还有秸秆焚烧等农业活动造成大气污染。

④ 生活燃煤。过去，每逢进入采暖季，我国北方的空气质量就容易出现大范围恶化、连续出现雾霾天气、大气环境质量极不稳定。追根求源，很大一部分原因就是我国北方部分地区冬季集中供暖的锅炉大多数是烧煤的，部分个体居民户燃烧散煤，而煤炭燃烧后会产生硫化物、粉尘等污染物，直接导致大气受到污染，这种污染就是很单纯地由人为活动所造成的，是一种不容忽视的污染源。

⑤ 建筑施工。工地未采取有效措施防治，导致施工过程中产生扬尘，从而造成大气污染。例如，施工现场裸露土地未进行覆盖，施工场地内道路未进行硬化，缺乏洒水车、雾炮等洒水降尘设施等，尤其是在一些监管不到位的郊区工地上，施工扬尘更是肆无忌惮、漫天飞扬，造成空气中颗粒物浓度升高，给周边生态环境带来较大破坏，甚至影响到附近农作物的正常生长。

3. 大气污染物的分类

按照污染物排放的方式可以分为一次污染物和二次污染物。

一次污染物是指直接从污染源排放的污染物质，如二氧化硫、二氧化氮、一氧化碳、颗粒物等，它们又可分为反应物和非反应物，前者不稳定，在大气环境中常与其他物质发生化学反应，或者作催化剂促进其他污染物之间的反应，后者则不发生反应或反应速度缓慢。

二次污染物是指由于一次污染物在大气中经化学反应或光化学反应而形成的与一次污染物的物理、化学性质完全不同的新的大气污染物，其毒性比一次污染物还强。最常见的二次污染物如硫酸及硫酸盐气溶胶、硝酸及硝酸盐气溶胶、臭氧以及许多不同寿命的活性中间物。

根据大气污染物的存在状态，也可将其分为气溶胶态污染物和气态污染物。

气溶胶态污染物又根据颗粒污染物物理性质的不同，分为如下几种。

(1) 粉尘　指悬浮于气体介质中的细小固体粒子，粒径一般在 $1\sim200\mu m$ 之间。大于 $10\mu m$ 的粒子靠重力作用能在较短时间内沉降到地面，称为降尘；小于 $10\mu m$ 的粒子能长期在大气中飘浮，称为飘尘。

(2) 烟　通常指由工业生产过程形成的固体粒子的气溶胶。在工业生产过程中总是伴有诸如氧化之类的化学反应，熔融物质挥发后生成的气态物质冷凝时便生成各种烟尘。烟的粒子是很细微的，粒径范围一般为 $0.01\sim1\mu m$。

(3) 飞灰　指由燃料燃烧后产生的烟气带走的灰分中分散的较细的粒子。灰分是含碳物质燃烧后残留的固体渣，在分析测定时假定它是完全燃烧的。

(4) 黑烟　通常指由燃烧产生的能见的气溶胶，不包括水蒸气。在某些文献中以林格曼数、黑烟的遮光率、沾污的黑度或捕集的沉降物的质量来定量表示黑烟。黑烟的粒径范围为 $0.05\sim1\mu m$。

(5) 雾　在工程中，雾一般指小液体粒子的悬浮体。它可能是由于液体蒸汽的凝结、液体的雾化以及化学反应等过程形成的，如水雾、酸雾、碱雾、油雾等，水滴的粒径范围在 $200\mu m$ 以下。

气态污染物包括含硫、碳化合物，碳氢化合物，卤素化合物，等等。含硫化合物主要指 SO_2、SO_3 和 H_2S 等，其中，SO_2 的量最大，危害最大，是影响大气质量的最主要的气态污染物之一。

第二节　大气污染的危害及影响因素

一、大气污染的危害性

大气污染的危害主要有以下几方面。

(1) 大气污染对人体和健康的伤害　大气污染物主要通过三条途径危害人体：一是人体表面接触后受到伤害，二是食用含有大气污染物的食物和水导致中毒，三是吸入污染的空气后患了种种严重的疾病。

(2) 大气污染危害生物的生存和发育　大气污染主要通过三条途径危害生物的生存和发育：一是使生物中毒或枯竭死亡，二是减缓生物的正常发育，三是降低生物对病虫害的抗御能力。同时，大气污染使动物体质变弱，甚至死亡。大气污染还通过酸雨形式杀死土壤微生物，使土壤酸化，降低土壤肥力，危害了农作物和森林。

(3) 大气污染对物体的腐蚀　大气污染物对仪器、设备和建筑物等都有腐蚀作用。如金属建筑物出现的锈斑、古代文物的严重风化等。

(4) 大气污染对全球大气环境的影响　大气污染对全球大气的影响明显表现为三个方面：一是臭氧层破坏，二是酸雨腐蚀，三是全球气候变暖。

① 南极上空出现臭氧洞。科学家已经发现，在南北两极上空的臭氧减少，好像天空坍塌了一个空洞，称为“臭氧洞”。紫外线就通过“臭氧洞”进入大气，危害人类和自然界的其他生物。“臭氧洞”的出现，与广泛使用氟利昂（电冰箱、空调等的制冷材料）等物质有关。一些国家决定停止生产氟利昂。

② 酸雨的危害向全世界蔓延。酸雨进入土壤后，使土壤肥力减弱。人类长期生活在酸雨中，饮用酸性的水，会导致肾病和癌症等一系列疾病。据估计，酸雨每年会夺走上万人的生命。

③ 温室效应的后果严重。进入工业革命以来，由于人类大量燃烧煤、石油和天然气等燃料，大气中二氧化碳的含量骤增，“玻璃房”吸收的太阳能量也随之增加。于是，地球上产生干旱、热浪、热带风暴和海平面上升等一系列严重的自然灾害，对人类造成了巨大的威胁。

二、大气污染形成、扩散的影响因素

污染物从排放到对人体和生态环境产生切实的影响，中间经历了复杂的大气过程：迁移、扩散、沉降、化学反应。由于条件的不同，大气扩散稀释能力相差很大，因此，即使是同一污染源排出的污染物，对人体和环境造成的危害程度也不同。

(1) 气象因素的影响　气象条件是影响大气污染的一个重要因素。如风向、风速、气温和湿度等，都直接影响污染物的危害程度。其中，风向问题是工厂设计时必须考虑的条件，污染严重的工厂应位于居民区下风向。在气象条件中，逆温层被认为是必须重视的影响因素。在正常情况下，大气温度随着高度的增加而下降。每升高 100m，气温平均下降 0.6℃。因下暖上寒时污染物容易垂直上升并向高空扩散，如果出现下层气温低、上层气温高的逆温现象，则逆温大气层将阻止该层内或层下烟气的上升，抑制大气对流和湍流的形成，影响烟气的稀释扩散，造成污染物的聚集，增加污染物的危害。

空气的水平运动称为风。风对大气污染的影响包括风向和风速的大小两个方面。风向决定了污染物迁移运动的方向，对大气污染物起到了整体输送的作用；风速的大小则决定着污染物的扩散和稀释状况，对大气污染物起到了冲淡稀释的作用。

风向是指风的来向，例如，东风是指风从东方来。风向可用 8 个方位或 16 个方位表示，也可用角度表示。

污染物排入大气之后，会顺风而下，若刮东风，则烟向西行，这表明风向决定了污染物的移动方向。污染物靠风的输送作用沿下风向地带进行稀释。污染物排放源的下风向地区，大气污染就比较严重，而其上风向污染程度就轻得多。任何地区的风向，一年四季都在变化，但是也都有它自己的主风向。例如北京地区的主风向是西北、北、西南和南。一般情况下，污染源应设在下风向。

风速是指单位时间内空气在水平方向移动的距离，用 m/s 或 km/h 来表示。通常气象台站所测定的风向、风速都是指一定时间的平均值。风速也可用风力级数（0～12 级）来表示。

由于地面对风产生摩擦，起阻碍作用，所以风速会随高度升高而增加（见表 3-1），

100m 高处的风速，约为 1m 高处风速的 3 倍。

表 3-1 风速随高度的变化

高度/m	0.5	1	2	16	32	100
风速/(m/s)	2.4	2.8	3.3	4.7	5.5	8.2

对污染物的稀释程度主要取决于风速。风速越大，单位时间内与烟气混合的清洁空气量越大，冲淡稀释的作用就越好。一般来说，大气中污染物的浓度与污染物的总排放量成正比，而与风速成反比。

(2) 地形、地物的影响　由于地形、地物不同，大气污染物的危害程度会有很大差异。在窝风的丘陵和山谷盆地，污染物不能顺利扩散开，可能形成一定范围的污染区。污染物沿平行山谷的方向流动，会给下风向带来更严重的污染。

城市中的高大建筑物和构筑物会使运动着的大气产生涡流。在涡流区大气污染物很难逸散，使涡流区完全处在污染状态中。在污染源多的地域，恰当地利用地形地势，避开高大建筑物和构筑物的影响是促使污染物迅速扩散、减少污染的重要条件。

(3) 植物的净化作用　种植花草、树木对过滤和净化大气中的粉尘和有害气体，减轻大气污染起着不可忽视的作用。例如，树木能吸收二氧化碳呼出氧气，每亩[1]树林每天大约吸收 70kg 的二氧化碳，放出 50kg 氧气。一亩树林每年能过滤下来的大气粉尘为 1000～3000kg，树林还能吸收多种有害气体，如二氧化硫、光化学烟雾等。从环境保护的角度看，种植花草、树木是防治大气污染不可缺少的一个措施。

为了提高植物防治污染的能力，还可根据污染物的性质有选择地种植抗性强的植物。例如，在道路两旁种植洋槐、棕树，能吸收汽车排气形成的光化学烟雾；在公园种植菊花、夹竹桃、月季，能吸收大气中的多种有害气体。

(4) 污染物综合作用的影响　各种污染物进入大气环境后，都不是孤立、静止地存在的，而是不断运动、互相制约、互相影响。污染物之间产生综合作用，有的互相叠加，使两种有害的物质更有害；有的互相抑制，使两种有害的物质都变成无害。互相叠加者称为协同作用，互相抑制者称为拮抗作用。一般说来，性质近似的污染物，如氟化氢与二氧化硫，容易产生协同作用；而性质差异大的污染物，如酸性气体与碱性气体，容易产生拮抗作用。这两种情况都是大气污染综合防治中要考虑的问题。

(5) 工业布局的影响　大气中的污染物主要来自工业，其中又以化工、冶金、轻工排出的污染物为多，所以工业布局如何对大气污染有直接的影响。一般来说，污染严重的工厂企业应远离城市，并布置在下风向。工业区不应过分集中，免得造成工业区环境条件太差。各种类型的工厂企业要考虑污染的相互影响。噪声大的工厂不应靠近居民区也不应靠近其他工厂。排放工业有害物质多的工厂必须考虑设置卫生防护地带，以及使各类工厂配置更合理。

(6) 室内空气污染的影响　室内空气污染是指由于室内引入能释放有害物质的污染源或室内环境通风不佳而导致室内空气中有害物质无论是数量上还是种类上的不断增加，并引起人的一系列不适症状。室内是指居室内，也包括办公室、会议室、教室、医院等室内环境和旅馆、影剧院、图书馆、商店、体育馆、健身房、候车室、候机室等各种室内公共场所以及飞机、汽车、火车等交通工具内。

[1] 1 亩＝666.67m^2。

室内空气污染物主要有甲醛、苯、氨、氡及其他放射性物质、总挥发性有机化合物（TVOC）等。此外，还有游离甲苯二异氰酸酯、氯乙烯单体、苯乙烯单体，吸烟烟雾。可溶性的铅、镉、铬、汞，厨房产生的油烟，细菌、真菌（包括真菌孢子），花粉和生物体有机成分，等等。《民用建筑工程室内环境污染控制标准》（GB 50325—2020）中规定的Ⅰ类民用建筑工程竣工验收时环境主要有害污染物浓度限量见表3-2。

表3-2 民用建筑室内环境主要有害污染物浓度限量

有害污染物	甲醛/(mg/m^3)	苯/(mg/m^3)	氨/(mg/m^3)	氡/(Bq/m^3)	TVOC/(mg/m^3)
浓度	≤0.07	≤0.06	≤0.15	≤150	≤0.45

第三节 大气污染防治技术

一、大气污染的综合防治

大气污染物，无论是颗粒状污染物还是气态污染物，都有能在大气中扩散、污染面广的特点，也就是说，大气污染带有区域性和整体性的特征。正因为如此，大气污染的程度要受到该地区的自然条件、能源构成、工业结构和布局、交通状况以及人口密度等多种因素的影响。

所谓大气污染的综合防治，就是从区域环境的整体出发，充分考虑该地区的环境特征，对所有能够影响大气质量的各项因素作全面、系统的分析，充分利用环境的自净能力，综合运用各种防治大气污染的技术措施，并在这些措施的基础上制定最佳的防治措施，以达到控制区域性大气环境质量、消除或减轻大气污染的目的。

大气污染综合防治涉及面比较广，影响因素比较复杂，一般来说，可以从以下几个方面加以考虑。

1. 全面规划，合理布局

大气污染综合防治，必须从协调地区经济发展和保护环境之间的关系出发，对该地区各污染源所排放的各类污染物质的种类、数量、时空分布做全面的调查研究，并在此基础上，制订控制污染的最佳方案。

工业生产区应设在城市主导风向的下风向。在工厂区与城市生活区之间，要有一定间隔距离，并植树造林，减轻污染危害。对已有污染重、资源浪费、治理无望的企业要实行关、停、并、转、迁等措施。

2. 改善能源结构，提高能源有效利用率

我国当前的能源结构中以煤炭为主，在煤炭燃烧过程中释放出大量的二氧化硫、氮氧化物、一氧化碳以及悬浮颗粒等污染物。因此，要从根本上解决大气污染问题，首先必须从改善能源结构入手，如使用天然气、液化石油气、电等，还应重视太阳能、风能、地热等清洁能源的利用。我国以煤炭为主的能源结构在短时间内不会有根本性的改变。对此，应首先推广型煤及洗选煤的生产和使用，以降低烟尘和二氧化硫的排放量。

此外，合理选择锅炉，对低效锅炉进行改造、更新，提高锅炉的热效率，能够有效降低燃煤对大气的污染。

3. 区域集中供热

发展区域性集中供暖供热，设立规模较大的热电厂和供热站，用以代替千家万户的炉灶，是消除烟尘的有效措施。这样还具有以下效益：①提高热能利用率；②便于采用高效率的除尘器；③采用高烟囱排放；④减少燃料的运输量。

4. 植树造林、绿化环境

绿化造林是防治大气污染的一种经济有效的措施。植物具有吸收各种有毒有害气体和净化空气的功能，是空气的天然过滤器。茂密的丛林能够降低风速，使气流挟带的大颗粒灰尘沉降；树叶表面粗糙不平，且多绒毛，某些树种的树叶还分泌黏液，能吸附大量飘尘；蒙尘的树叶经雨水淋洗后，又能够恢复其吸附、阻拦尘埃的作用，使空气得到净化。

植物的光合作用释放氧气并吸收二氧化碳，因而树林有调节空气成分的功能，一般 $1hm^2$ 的阔叶林在生长季节每天能够消耗约 1t 的二氧化碳，释放出 0.75t 的氧气。以成年人为例，每天需吸入约 0.75kg 的氧气，排出约 0.9kg 的二氧化碳，这样，每人平均拥有 $10m^2$ 面积的森林，就能够得到充足的氧气供应。

有一些植物能够吸收大气中的有毒成分，如 $1hm^2$ 柳杉林每年可吸收 720kg 的二氧化硫。还有一些林木，在其生长过程中能够挥发出柠檬油、肉桂油等多种杀菌物质。研究表明，百货大楼内每立方米空气中的细菌数达 400 万个，林区则仅仅有 55 个，林区与百货大楼空气中的含菌量相差 7 万多倍。

二、大气污染的分类防治办法

针对不同类型的污染物，要有针对性地采取不同方法进行治理。颗粒污染物的治理方法，通俗来讲叫作除尘，除尘效率是评价除尘技术优劣的重要技术指标，而除尘效率的高低与除尘装置的性能密切相关。气态污染物的治理办法包括吸收、吸附以及催化氧化。

1. 除尘

根据除尘原理的不同，除尘装置一般可分为以下几类：机械式除尘器、洗涤式除尘器、过滤式除尘器和电除尘器等。

其中，机械式除尘器包括重力沉降室、旋风除尘器、惯性除尘器和机械能除尘器。这类除尘器的特点是结构简单、造价低、维护方便，但除尘效率不高，往往用作多级除尘系统的预除尘设备。

洗涤式除尘器包括喷淋洗涤器、文丘里洗涤器、水膜除尘器和自激式除尘器。这类除尘器的特点是主要利用水作为除尘介质。一般来说，湿式除尘器的除尘效率较高，如文丘里洗涤器对微细粉尘效率为 95%以上，但所消耗的能量也高。湿式除尘器的缺点是会产生污水，需要进行处理以消除二次污染。黏性大的粉尘容易黏结在除尘器表面，故不宜采用干法除尘；如果烟气中同时含有 SO_2、NO_x 等气体污染物，可考虑采用湿法除尘。

过滤式除尘器包括袋式除尘器和颗粒层除尘器。其特点是以过滤机理作为除尘的主要机理，根据选用的滤料和设计参数的不同，袋式除尘器的除尘效率可达到 99.9%以上。

电除尘器利用电力作为捕集机理，有干式电除尘器（干法清灰）和湿式电除尘器（湿法清灰）之分。这类除尘器的特点是除尘效率高（特别是湿式电除尘器）、动力消耗小，主要缺点是钢材消耗多、投资成本高。当含尘气体浓度高时，需要在电除尘器前设置低阻力的预净化装置，除去粗大尘粒，从而提高除尘效率。

在实际治理过程中，一般利用不同除尘机理的协同作用。例如，卧式旋风除尘器，不仅有离心力的作用，同时还兼有冲击和洗涤的作用。近年来，为了提高除尘效率，研制了多种多机理的除尘器，如用静电强化的除尘器等。

2. 吸收法

吸收法是利用气体在液体中溶解度的不同，以分离和净化气体混合物的一种方法。例如，吸收法被用于从工业废气中去除二氧化硫（SO_2）、氮氧化物（NO_x）、硫化氢（H_2S）以及氟化氢（HF）等有害气体。

3. 吸附法

吸附是一种固体表面现象，指利用多孔性固体吸附剂处理气态污染物，使其中的一种或几种组分，在分子引力或化学键力的作用下，被吸附在固体表面，从而达到分离的目的。常用的固体吸附剂有骨炭、硅胶、矾土、沸石、焦炭和活性炭等，其中应用最为广泛的是活性炭。除CO、SO_2、NO_x、H_2S外，活性炭还对苯、甲苯、二甲苯、乙醇、乙醚、煤油、汽油、苯乙烯、氯乙烯等物质都有吸附功能。

4. 湿法脱硫

石灰石-石灰湿法脱硫技术最早由英国皇家化学工业公司在20世纪30年代提出，目前是应用最广泛的脱硫技术之一。在现代的烟气脱硫工艺中，烟气用含亚硫酸钙和硫酸钙的石灰石、石灰浆液洗涤，SO_2与浆液中的碱性物质发生化学反应，生成亚硫酸盐和硫酸盐，新鲜石灰石或石灰浆液不断加入脱硫液的循环回路。

全球因燃烧矿物燃料而产生的一氧化碳、碳氢化合物和氮氧化物的排放量中，几乎50%来自汽油机和柴油机。在城市的交通中心，机动车是造成空气中CO含量的90%～95%、氮氧化物和碳氢化合物含量的80%～90%以及大部分颗粒物的原因。由此可知机动车排气对大气的污染程度确实是惊人的。

三、汽车尾气污染及其治理

当燃料在发动机汽缸内进行燃烧时，由碳、氢、氧组成的液体石油燃料完全燃烧后生成二氧化碳、水蒸气、氮气和过量的氧气。这几种气体在正常情况下被认为是无害的。然而，内燃机所用的燃料往往含有其他杂质与添加剂，且内燃机的燃烧总是不完全的，再加上发动机工作过程中的其他原因，使发动机的排气成分中还含有一定量的一氧化碳、碳氢化合物、氮氧化物、二氧化硫、微粒物质（铅化物、碳烟、油雾等）与臭气（甲醛、丙烯醛等）有害排放物。它们部分是有毒的，有些还带强烈刺激性气味，甚至有些成分有致癌作用。这些由汽车排出的有害气体、碳烟、微粒等正是造成大气污染的主要物质。这几种有害成分的含量随不同的发动机型号与运转条件均有所变化。

1. 汽车尾气污染物类型

汽车排放污染物主要来源于三个部位：排气管排气、曲轴箱窜气和燃料蒸发。据有关资料统计，每千辆汽车每天排出的CO量约为3000kg，碳氢化合物为200～400kg，NO_x为50～150kg，平均每燃烧1t燃油生成的有害物质达40～70kg。由于这些污染物排放区域恰为人们呼吸带区，因此对人体健康威胁很大。

一氧化碳是汽油机有害排放物中浓度最高的一种成分，城市大气中的一氧化碳大部分都来自汽车排气。它是燃油燃烧不充分的产物，车速越慢，交通堵塞越严重，排放量越多。一氧化碳是无色、无刺激的有毒气体。一氧化碳经人呼吸进入肺部，被血液吸收后，能与体内血红蛋白结合成一氧化碳-血红蛋白。一氧化碳与血红蛋白的亲和力比氧与血红蛋白的亲和力要大250倍。一氧化碳-血红蛋白一经形成，离解速度很慢，容易造成低氧血症，因而导致组织缺氧。当大气中的一氧化碳浓度达到（70～80）$\times10^6$（体积分数）以上时，人在接触几小时以后，一氧化碳-血红蛋白含量为20%左右时，就会引起中毒；当含量达60%时甚至可能因窒息而死亡。

各种碳氢化合物总称为烃类，汽车发动机排气中所含的烃类成分有百余种之多，但其浓度总量比一氧化碳要少。大部分碳氢化合物对人体健康的直接影响并不明显，但从汽车排气成分的检测中得知，在排出的碳氢化合物中含有少部分醛类（甲醛、丙烯醛）和多环芳烃(苯并芘等)。其中甲醛与丙烯醛对鼻、眼和呼吸道黏膜有刺激作用，可引起结膜炎、鼻炎、支气管炎等症状，并伴随难闻的臭味。苯并芘被认为是一种强致癌物质。此外，烃类还是光化学烟雾形成的重要物质，因此碳氢化合物排放的危害性是不可忽视的。

汽车发动机排放的氮氧化物主要是一氧化氮和二氧化氮。大气中的氮氧化物和碳氢化合物在未发生光化学反应之前，单独存在时也能产生一些直接危害。NO_x 中的 NO 与血液中血红蛋白的亲和力比 CO 还强，能通过呼吸道及肺进入血液，使血红蛋白失去输氧能力，产生与 CO 类似的严重后果。NO 极易氧化成剧毒的 NO_2，能进入肺脏深处的肺毛细血管，引起肺水肿，同时还能刺激眼黏膜，麻痹嗅觉。NO_2 单独存在时是一种棕色气体，有特殊的刺激性臭味，被吸入肺部后，能与肺部的水分结合生成可溶性硝酸，严重时会引起肺气肿。如大气中的 NO_2 浓度达到 5×10^{-6}，会对哮喘病患者产生影响；若在（100～150）$\times10^{-6}$的高浓度下连续呼吸30～60min，就会使人陷入危险状态。此外，即使是 NO_x 的浓度很低，也会对某些植物产生不良影响。

汽车排气中的微粒主要有作为抗爆剂加入汽油中的四乙基铅经燃烧后生成的铅化物微粒以及燃料不完全燃烧生成的碳烟粒等。铅化物扩散到大气中对人体健康十分有害，当人体吸入这种有害物并积累到一定程度时，铅会阻碍血液中的红细胞的生长与成熟，导致心、肺等器官发生病变，侵入大脑时则引起头痛，甚至出现一些精神方面的症状。当血液中含铅量超过 80μg/100mL 时，随着血液中红细胞状态的变化，会出现四肢肌肉麻痹、严重腹痛、脸色苍白等典型铅中毒症状甚至死亡。此外，铅化物还会吸附在催化剂表面，导致催化剂“中毒”，从而降低催化剂的净化效果，并显著缩短其使用寿命。

碳烟的危害不仅在于其本身对人的呼吸系统有害，而且因为碳烟粒的孔隙中往往吸附着二氧化硫及有致癌作用的多环芳烃如苯并芘等。微粒对人体健康的影响除了与浓度有关外，粒子的直径及其化学性质也起着决定作用。直径 5μm 以下的粒子可以进入呼吸道，3μm 以下的粒子可以沉积在肺细胞内，引发肺病变。粒子携带的苯并芘是强致癌物质，可引发癌症。

光化学烟雾是由汽车和工厂排放的碳氢化合物和氮氧化物在阳光作用下，在波长小于400nm 的紫外线区进行一系列光化学反应形成的。反应后生成臭氧和过氧化乙酰硝酸盐等光化学过氧化产物以及各种游离基、醛、酮等成分，形成一种毒性较大的浅蓝色烟雾。

在光化学氧化产物中，臭氧是一种强氧化剂，浓度在 0.1×10^{-6} 时具有特殊的臭味，并可达到呼吸系统的深层，刺激下气道黏膜，引起化学变化，其作用相当于放射线，导致染色体异常、红细胞老化。甲醛、丙烯醛等产物对人体眼睛、咽喉、鼻等有刺激作用，其刺激阈值约为 0.1×10^{-6}。此外，人们还发现光化学烟雾能促使哮喘病患者哮喘发作，引起慢性呼吸系统疾病恶化，长期吸入氧化剂可能降低人体细胞的新陈代谢，加速人体衰老。此外，光化学氧化产物中的臭氧和过氧化乙酰硝酸盐都能对植物造成危害。臭氧具有极强的氧化能力，能使植物变黑、橡胶开裂；动物在 1×10^{-6} 臭氧浓度下暴露 4h 就会出现轻度肺气肿。

过氧化乙酰硝酸盐的毒性介于 NO 和 NO_2 之间。

2. 汽车排气污染的控制与净化技术

为改善城市环境空气质量，在控制城市固定污染源排放的同时，根据各城市大气污染分担率的特点，应加强对流动污染源的控制力度，尤其要加强对重点城市机动车污染排放的控制力度。

机动车控制工作是一项涉及多部门、多方面的系统工程，除了加大法规要求和执法力度外，机动车控制技术的进步是根本的物质保证。经对国内外成功经验的总结，结合我国的实际情况证明：在汽油车上通过使用电子控制燃油喷射和点火系统，配装氧传感器实现闭环控制发动机工作，同时安装排气三效催化转化器是大幅度降低汽油车排放污染物的有效手段。

（1）利用三效催化转化器　三效催化剂是一种当发动机在近似理论空燃比下运转时，同时具有净化排气中 CO、HC 和 NO_x 能力的催化剂。在催化反应过程中，废气中的 CO 和 HC 将 NO_x 还原成氮气等，同时 CO、HC 被氧化成 CO_2 和 H_2O。

三效催化剂的空燃比必须保持在最佳的范围内。空燃比过高时，会降低 HC 和 CO 的转化率；空燃比过低时，NO_x 的转化率急剧下降；在空燃比附近，三种成分的转化率均较高。因此，空燃比范围越大越好，也就是说即使理论空燃比变动较大时，也具有高的三效转化效果，这种使用范围是理想的。但要使发动机的每个缸都在理论空燃比条件下运行是不太可能的。为改善这种情况，发动机制造商开发和生产了在接近理论空燃比下运行的电子控制汽油喷射和闭环反馈系统。电子控制汽油喷射系统由计算机控制系统与三效催化剂结合在一起，用氧传感器检出排气中的氧浓度，向计算机输出一个随氧浓度变化的电信号，计算机根据设定好的程序，按理论空燃比自动控制进气混合比。它可以采用较稀的混合气，其动力性、经济性和排放性能都比同类化油器式发动机好，是当前综合解决节能问题和减少排气污染最有效的措施之一。电子控制系统和三效催化系统实现了对发动机工作过程和排放的控制，是机内和机外净化方法的结合，可保证在低排放水平的基础上充分提高发动机的经济性和动力性。

使用催化转化器，绝对禁止使用有铅汽油，因为铅能使贵金属催化剂“中毒”而失去活性，影响催化剂的使用寿命。另外，汽车润滑油中的磷和汽油中的硫等杂质都有可能影响催化剂的性能。

（2）改进和提高燃料质量　提高油品质量对降低车辆污染物的排放，保证发动机及其排放控制系统正常工作十分重要。提高燃料质量，改变燃料构成，也是强化燃烧过程，降低排气中有害物质含量的有效措施。《车用汽油有害物质控制标准》（GWKB 1.1—2011）中规定了车用汽油中对生态环境和人体健康有直接毒害的，或对汽车发动机和排放控制装置有害，造成汽车排放状况恶化的 10 类有害物质（苯、烯烃、芳烃、甲醇、锰、铁、铜、铅、磷、硫）含量要求及检验方法。

（3）推广使用新能源汽车　汽车是能源消费的重要领域，传统的以化石燃料为主的能源结构，不仅导致能源资源的浪费和依赖，也造成环境污染和温室气体排放。发展新能源汽车，可以有效降低汽车对石油的依赖，提高能源利用效率，促进可再生能源的开发和利用，实现能源消费结构的优化和低碳化。

能力训练题

一、名词解释

大气、大气圈、平流层、大气污染

二、简答题

1. 造成大气污染的原因有哪些?
2. 大气污染物有哪些?
3. 简述大气污染对全球大气环境的影响。
4. 影响大气污染物形成、扩散的气象因素有哪些?

第四章 低碳固废处理技术

学习内容

固体废物资源化、工业固体废物的综合利用、农业固体废物的综合利用及生活垃圾的综合利用。

学习目标

了解固体废物资源化的概念、资源化的特点和原则、资源化利用的技术和基本途径、资源化系统；掌握工业废物中粉煤灰的综合利用方法、冶金渣的综合利用方法、高炉渣的综合利用方法；掌握堆肥的概念、基本原理、工艺流程和影响因素；掌握厌氧发酵工艺的原理和控制条件；掌握粉煤灰的农业利用方法；掌握城市垃圾的组成和综合利用方法、污泥的综合利用方法。

素质目标

掌握低碳环保、循环经济的概念和意识，能够通过固体废物资源化循环利用等手段来改变生活方式，使低碳环保的理念深入人心。

第一节 资源化概述

一、资源化的概念

固体废物资源化是指采取管理和工艺措施从固体废物中回收物质和能源，加速物质和能量的循环，创造经济价值的技术方法。固体废物的资源化是固体废物的主要归宿。随着经济的快速发展、城市化进程的不断加速，固体废物，特别是城市生活垃圾的产生量在不断增加，对环境造成的污染也日益严重。固体废物资源化处理技术的应用及产业化具有广阔的前景，其意义在于在发展经济的过程中，能最大限度地减少资源与能源的消耗，使资源与能源得到充分、有效的利用，同时最大限度地减少废物的产生，使废物中有用资源得到最大限度的回收与综合利用，从而取得最大的经济效益和环境效益。

实现固体废物的资源化既能保护环境，又能节约资源。固体废物通过资源化的方式得到了重复利用，这不仅减少了污染物向环境中的排放，保护了自然环境不被污染，而且废物资源化意味着减少了其他不可再生资源的使用，有利于社会可持续发展的同时，还有利于子孙后代的生存发展。

固体废物具有双重属性，它既占用大量土地，污染环境，但本身又含有多种有用物质，是一种资源。在 1970 年之前，世界各国对固体废物的认识仅停留在处理和防治污染上。1970 年后，世界各国出现能源危机，增强了人们对固体废物资源化的紧迫感，人们由消极的处理转向资源化利用。固体废物资源化是通过采取工艺技术从固体废物中回收有用的物质与能源。就其广义来说，资源的再循环指的是从原料制成成品，经过市场流通，直到最后消费变成废物又引入新的生产—消费的循环系统。

二、资源化的国内外现状

随着工农业的迅速发展，固体废物的数量也迅速增长，在这种情形下，如能对固体废物实行资源化，必将减少原生资源的消耗，节省大量的投资，降低成本，减少固体废物的排出量、运输量和处理量，减少环境污染，具有客观的环境效益、经济效益和社会效益。世界各国的固体废物资源化实践表明，固体废物资源化的潜力巨大。表 4-1 是美国资源回收情况，从表中可以看出，效益非常可观。

表 4-1　美国资源回收的经济潜力

废物料	年产生量/(10^6t/年)	实际可回收量/(10^6t/年)	二次物料价格/(10^6t/年)	年总收益/百万美元
纸	40.00	32.00	22.10	705
黑色金属	10.20	8.16	38.60	316
铝	0.91	0.73	220.50	160
玻璃	12.40	9.98	7.72	77
有色金属	0.36	0.29	132.30	38
总收益	—	—	—	1296

我国在 1970 年后提出了“综合利用，变废为宝”的口号，开展了固体废物综合利用技术的研究和推广工作，现在已经取得了显著成果。同时，通过对固体废物进行资源化，不仅减轻了环境污染，而且创造了大量的财富，取得了较为可观的经济效益。因此，加强对固体废物的资源化和综合利用，是环境工作者奋斗的重要目标，也可以通过资源化来减少温室气体的排放，为维护地球的生态平衡作出贡献。

三、资源化的特点和原则

1. 固废资源化利用的特点

过去，我国注重经济发展和工业生产，在一定程度上无法平衡经济发展和环境保护。在人们生活水平不断提升的当下，人们对于生活环境的要求更高，更加注重环境保护问题，层出不穷的生态绿色化科技也为工业废物处理、循环再利用提供了强大的科学技术保障。我国生态环境保护工作正在如火如荼开展，为了全面贯彻环境保护要求，应该重视固体废物处理工作，借助资源化技术和综合利用技术对固体废物进行科学高效处理，充分认识到固体废物资源化处理和综合利用的意义，真正实现资源科学、合理、综合运用，保护我们赖以生存的家园。

社会资源开发、工业生产制造是确保社会正常运转、保障人们正常生活的基础。但是在进行社会资源开发、工业生产的过程中，会产生很多垃圾和废品，即有用产品被消费之后产生的固体废物。结合我国当前发展水平来看，固体废物的种类分别有农业固体废物、城市废物、工业固体废物、建筑垃圾等类型。针对常见的固体废物还可以依照其危害程度进行分类，分为一般固体废物、危险固体废物等。

实施固体废物资源化，便是将固体废物变废为宝的一个过程，通过对固体废物进行二次处理，将可以回收的部分进行高效利用回收，消除固体废物当中有毒有害部分，降低固体废物对生态环境造成的不良污染。结合数据分析显示，我国国民经济建设当中，基础资源消耗量非常高，但是二次资源利用程度发展较为缓慢，二次资源利用率是发达国家的三分之一。火力发电作为基础能源消耗量较大的生产领域，必须要重视固体废物二次利用，借助综合利用技术手段提升能源二次使用效率，提升我国节能降耗专业能力。

从基础层次来看，实际开展固体废物资源化利用的特征主要表现为以下三点：其一，保障基础物质可以实现二次利用效率最大化，确保基础物质最优化利用，全面提升资源利用效率；其二，严防固体废物污染情况，大力实施生态保护工作；其三，立足于资源化结果，对固体废物资源化利用的经济效益进行分析，实现固体废物的资源化经济效益最大化。结合当前我国固体废物的资源化建设发展水平来看，我国正处于二次资源转化技术摸索过程中，很多技术内容并不成熟，在实施固体废物的资源化处理时很容易导致效果不理想，降低了资源二次利用效率，造成资源消耗量相对较大。

2. 固废资源化利用原则

固体废物的资源化必须遵守以下四个原则。

① 资源化的技术必须是可行的。

② 资源化的经济效益比较好。

③ 资源化所处理的固体废物应尽可能在排放源附近处理利用，以节省固体废物在存放、运输等方面的投资。

④ 资源化产品应当符合国家相应产品的质量标准，因而具有与之竞争的能力。

在遵循上述四个原则的基础上，固体废物资源化完全是可行的，主要有以下四个方面的原因：第一是环境效益高，固体废物资源化可以从环境中除去某些有毒废物，同时，减少废物贮存量；第二为生产成本低，用废铁炼钢比用铁矿石炼钢可节约能源47%～70%，减少空气污染85%，减少矿山垃圾97%；第三是生产效益高，用铁矿石炼1t钢需8个工时，而用废铁炼1t电炉钢仅需2～3个工时；第四为能耗低，用废铁炼钢比用铁矿石炼钢可节约能源74%。

四、资源化利用的技术和基本途径

1. 固废资源化利用的技术

（1）高温熔融技术　高温熔融技术是固体废物综合利用当中最为常见的技术手段，一般用于一些重金属、有毒有害固体废料的处理工作当中。在实施熔融技术时，会对有毒有害的废料进行处理，对具备再生的资源进行重复利用。高温熔融技术在实际应用中具备一定优势，可以高效处理固体废物，实现固体废物快速减量处理。此外，高温熔融技术还具备再生资源化功能，将部分有毒有害固体废物当中的物质进行净化，提升固体废物资源化利用效果。但是高温熔融技术在实际运用时，使用成本相对较高，所以很多企业为了成本考虑都不会选择高温熔融技术。从经济效益层次考量，高温熔融技术并不具备一定优势。

（2）厌氧降解处理　厌氧降解处理技术是固体废物综合利用技术非常重要的组成部分，该技术具备科学性和经济性，对社会发展进步起到了重要作用。众所周知，在实际开展固体废物处理的过程中，一些固体废物中会有很多潜在的微生物，而厌氧降解处理可针对该类固体废物进行高效处理，更好地实现能源保护工作。在厌氧降解处理之后会产生更多新的能源，例如沼气。调查分析得知，1t左右的固体废物可以产生130m^3的沼气。在沼气利用之前，需要对沼气进行脱硫、脱臭处理，这样便可以在最大程度上展现出沼气这种清洁能源的优势，切实有效促进社会可持续发展。

（3）热裂解技术　热裂解技术作为一种固体废物结构分解技术，可以针对结构紧密、坚实的固体废物进行高效热裂解，更好地使固体废物实现高效综合裂解，实现资源化综合利用。在实施热裂解技术的过程中，可以借助热裂解技术手段减少氧气参与，排除少量气体，减少工业生产、能源消耗所产生的有毒有害气体，避免对环境造成严重影响。

虽然热裂解技术具备一定优势，但是在企业当中的应用具备一定限制，因为在热裂解的过程当中会存在一些炭黑物质，容易给环境带来负担甚至造成环境污染。但是结合我国当前的资源化综合利用技术来看，并没有某种高效技术可以对其进行有效处理。此外，处理炭黑物质还会消耗不必要的二次成本，这也限制了热裂解技术在企业当中的应用范围。为此，在未来热裂解技术发展时，需要对相关系统成本内容、炭黑物质处理工作进行重视。

（4）非高炉炼铁技术　非高炉炼铁技术作为我国“资源节约型、环境友好型”社会建设当中最为重要的资源化综合利用技术之一，在实际运用的过程中具备很大的优越性。由于非高炉炼铁技术具有污染低、流程短等诸多特点，借助熔融还原炼铁反应及高温焚烧炉对固体废物进行高效处理，实现了环境无污染和固体废物资源化处理的目的。相对于高炉炼铁技术来说，非高炉炼铁技术自身的能耗相对较高，规模也较小，当前非高炉炼铁技术尚未完全成熟，主要适用于某个行业，这也是造成非高炉炼铁技术无法在社会全面应用的因素。

2. 固废资源化途径

固体废物资源化的途径很多，其基本途径归纳起来有以下五个方面。

（1）提取各种金属　把最有价值的各种金属提取出来是固体废物资源化的重要途径。例如从有色金属渣中可提取金、银、钴、锑、硒、碲、铊、钯、铂等，其中某些稀有贵金属的价值甚至超过主金属的价值。粉煤灰和煤矸石中含有铁、钼、钪、锗、钒、铀、铝等金属，目前美国、日本等国家能对钼、锗、钒实行工业化提取。

（2）生产建筑材料　利用工业固体废物生产建筑材料，是一条较为广阔的途径。目前主要表现在以下几个方面：一是利用高炉渣、钢渣、铁合金渣等生产碎石，用作混凝土骨料、道路材料、铁路道砟等；二是利用粉煤灰、经水淬的高炉渣和钢渣等生产水泥；三是在粉煤灰中掺入一定量炉渣、矿渣等骨料，再加石灰、石膏和水拌和，可制成蒸汽养护砖、砌块、大型墙体材料等硅酸盐建筑制品；四是利用部分冶金炉渣生产铸石，利用高炉渣或铁合金渣生产微晶玻璃；五是利用高炉渣、煤矸石、粉煤灰生产矿渣棉和轻质骨料。

（3）生产农肥　利用固体废物生产或代替农肥有着广阔的前景。城市垃圾、农业固体废物等可经过堆肥处理制成有机肥料；粉煤灰、高炉渣、钢渣和铁合金渣等可作为硅钙肥施用于农田；而钢渣中含磷较高时可生产钙镁磷肥。

（4）回收能源　固体废物资源化是回收能源的主要途径。很多工业固体废物热值高，可以充分利用，如粉煤灰中含碳量达10%以上，可以回收加以利用。德国拜耳公司每年焚烧2.5万吨工业固体废物生产蒸汽。有机垃圾、植物秸秆、人畜粪便经过沼气发酵可生成可燃性的沼气。

（5）取代某种工业原料　工业固体废物经一定加工处理后可代替某种工业原料，以节省资源。例如，高炉渣代替砂、石作滤料，可处理废水，还可作吸收剂，用来从水面回收石油制品；粉煤灰可作塑料制品的填充剂，还可作过滤介质，可过滤造纸废水，不仅效果好，而且可以从纸浆废液中回收木质素。

五、资源化系统

资源化系统是指原材料经过加工制成的成品，经人们消费后成为废物，又引入新的生产—消费循环系统。就整个社会而言，就是生产—消费—废物—再生产的一个不断循环的系统。资源化系统可分为两个系统，即前期系统和后期系统。

前期系统是相关处理技术如破碎、分选等的结合，形成加工与原材料分选过程，从而分离回收可直接利用的原料，并减少固体废物量。对城市垃圾来说，这一过程使可生物降解的有机物得以富集，为后期系统提供有利条件。对工业固体废物来说，这一过程也为后期的综合利用创造了有利条件，但由于其成分复杂，随不同的行业而具有显著的差异，即前期系统必须根据具体的行业生产特点来决定。

后期系统是将前期系统经加工、处理后的可化学转化或可生物转化的物质，进行化学或生物转化技术处理，回收转化产品与能源产品。如无可转化的物质，可进行其他的综合利用。部分资源化系统还将后期系统中的能源产品加以收集，将其进一步转化为可以直接利用的能源，并附加一个能源转化附属系统，共同构成资源系统部分，对无任何利用价值的废物进行最终处置。

总之，固体废物一旦产生，就得千方百计充分利用，实现其资源化，发挥其经济效益。考虑到我国资源相对不足的现状以及经济迅速发展的趋势，目前对固体废物的处理应着重于资源化技术的研究和开发，并为其研究成果的工业化铺平道路。

第二节　工业固体废物的综合利用

工业固体废物，是指在工业、交通等生产活动中产生的固体废物，是固体废物的一大类别。由于各行各业的分类繁多，工业固体废物的种类也是五花八门的。从固体废物的产生来源分类，并结合我国工业固体废物的实际情况，本节将重点介绍电力工业中的粉煤灰、冶金工业中的冶金渣以及高炉渣的综合利用。

一、粉煤灰

1. 概述

（1）粉煤灰的来源　粉煤灰是煤粉经高温燃烧后形成的一种类似火山灰质的混合材料。它是由燃烧煤的发电厂将煤磨细至一定粒度后，通过预热空气喷入炉膛以悬浮状态燃烧，产生混杂有大量不燃物的高温烟气，经集尘装置捕集就得到了粉煤灰。粉煤灰被捕集后通过有密封管道疏松排出。排出方法一般有干排和湿排两种。干排是将收集到的粉煤灰通过螺旋泵或仓式泵等密闭的运输设备直接输入灰仓。湿排是通过管道和灰浆泵，利用高压水力把收集到的粉煤灰输送到贮灰场或江、河、湖、海。目前我国的热电厂大多采用流化床工艺，所产生的粉煤灰均为干排。

（2）粉煤灰的组成　粉煤灰的化学组成与黏土质相似，其主要成分为 SiO_2、Al_2O_3、Fe_2O_3、CaO 和未燃炭，其余为少量 K、P、S、Mg 等化合物和 As、Cu、Zn 等微量元素。我国一般低钙粉煤灰的化学成分见表 4-2。

表 4-2 我国一般低钙粉煤灰的化学成分

成分	SiO_2	Al_2O_3	Fe_2O_3	CaO	MgO	SO_3	Na_2O 及 K_2O	烧失量
含量/%	40～60	17～35	2～15	1～10	0.5～2	0.1～2	0.5～4	1～26

根据粉煤灰中 CaO 含量的高低，将其分为高钙灰和低钙灰。一般 CaO 含量在 20%以上的为高钙灰，其质量优于低钙灰。我国燃煤电厂大多燃用烟煤，粉煤灰中 CaO 含量偏低，属低钙灰，但 Al_2O_3 含量一般比较高，烧失量也较高。此外，我国有少数电厂为了脱硫而喷烧石灰石、白云石，其灰的 CaO 含量都在 30%以上。

粉煤灰的矿物组成十分复杂，主要有无定形相和结晶相两大类。无定形相主要为玻璃体，占粉煤灰总量的 50%～80%，此外，未燃尽的炭粒也属于无定形相。结晶相主要有莫来石、石英、云母、长石、磁铁矿、赤铁矿和少量钙长石、方镁石、硫酸盐矿物、石膏、金红石、方解石等。莫来石多分布于空心微珠的壳壁上，极少以单颗粒存在。石英多为白色，有的呈单体小石英碎屑，也有的附在炭粒和煤矸石上呈集合体。这些结晶相往往被玻璃相包裹，因此，粉煤灰中单体存在的结晶体极为少见，单独从粉煤灰中提纯结晶相极为困难。

(3) 粉煤灰的性质　粉煤灰的物理化学性质取决于煤的品种、煤粉的细度、燃烧方式、燃烧温度、粉煤灰的收集和排灰方法。

① 物理性质。粉煤灰是灰色或灰白色的粉状物，含水量大的粉煤灰呈灰黑色。它是一种具有较大内表面积的多孔结构，多半呈玻璃状。其主要物理性质如下：粉煤灰的密度与化学成分密切相关，低钙灰密度一般为 1800～2800kg/m^3，高钙灰密度可达 2500～2800kg/m^3；其松散干密度为 600～1000kg/m^3，压实密度为 1300～1600kg/m^3；空隙率一般为 60%～75%；过 45μm 方孔筛，其筛余量一般为 10%～20%，其比表面积为 2000～4000cm^2/g。

② 活性。粉煤灰的活性是指粉煤灰在和石灰、水混合后所显示的凝结硬化性能。粉煤灰含有较多的活性氧化物（SiO_2、Al_2O_3），它们分别与氢氧化钙在常温下起化学反应，生成较稳定的水化硅酸钙和水化铝酸钙。因此粉煤灰和其他火山灰质材料一样，当与石灰、水泥熟料等碱性物质混合，加水拌和成胶泥状态后，能凝结、硬化并具有一定强度。粉煤灰的活性不仅决定于它的化学组成，而且与它的物相组成和结构特征有着密切的关系。高温熔融并经过骤冷的粉煤灰，含大量的表面光滑的玻璃微珠，由于含有较高的化学内能，是粉煤灰具有活性的主要矿物相。玻璃体中含的活性 SiO_2 和活性 $A1_2O_3$ 含量愈多，活性愈高。

(4) 粉煤灰综合利用的优势

① 资源节约：粉煤灰的综合利用可以减少资源浪费，实现废物的资源化。

② 环保效益：粉煤灰的综合利用有助于减少污染物排放，改善环境质量。

③ 经济效益：粉煤灰的综合利用可以降低生产成本，提高企业的经济效益。

④ 促进绿色发展：粉煤灰的综合利用有利于实现绿色发展，推动可持续发展。

2. 粉煤灰的综合利用

(1) 粉煤灰在水泥工业和混凝土工程中的应用

① 粉煤灰代替黏土原料生产水泥。由硅酸盐水泥熟料和粉煤灰加入适量石膏磨细制成的水硬胶凝材料，成为粉煤灰硅酸盐水泥，简称粉煤灰水泥。

② 粉煤灰作水泥混合材。粉煤灰本身加水虽不硬化，但能与石灰、水泥熟料等碱性激发剂发生化学反应，生成具有水硬胶凝性能的化合物，因此可用作水泥的活性混合材。

③ 粉煤灰生产低温合成水泥。我国科技工作者研究出用粉煤灰和生石灰生产低温合成水泥的生产工艺。低温合成水泥具有块硬、强度大的特点，可制成喷射水泥等特种水泥，也

可制作用于一般建筑工程的水泥。

④ 粉煤灰制作熟料水泥。用粉煤灰制作熟料水泥包括石灰粉煤灰水泥和纯粉煤灰水泥。石灰粉煤灰水泥是将干燥的粉煤灰掺入10%～30%的生石灰或消石灰和少量石膏混合粉磨，或分别磨细后再混合均匀制成的水硬性胶凝材料，主要适用于制造大型墙板、砌块和水泥瓦等，适用于农田水利基本建设工程和底层的民用建筑工程，如基础垫层、砌筑砂浆等。纯粉煤灰水泥是指在燃煤发电的火力发电厂中，采用炉内增钙的方法，获得的一种具有水硬性能的胶凝材料。纯粉煤灰水泥可用于配制砂浆和混凝土，适用于地上、地下的一般民用、工业建筑和农村基本建设工程；由于该水泥耐蚀性、抗渗性较好，因而也可以用于一些小型水利工程。

⑤ 粉煤灰作砂浆或混凝土的掺和料。粉煤灰是一种很理想的砂浆和混凝土的掺和料。在混凝土中掺加粉煤灰代替部分水泥或细骨料，不仅能降低成本，而且能提高混凝土的和易性、不透水性、不透气性、抗硫酸盐性能和耐化学侵蚀性能，降低水化热，改善混凝土的耐高温性能，减轻颗粒分析和析水现象，减少混凝土的收缩和开裂以及抑制杂散电流对混凝土中钢筋的腐蚀。

(2) 粉煤灰在建筑制品中的应用

① 蒸制粉煤灰砖。

② 烧结粉煤灰砖。

③ 蒸压生产泡沫粉煤灰保温砖。

④ 生产粉煤灰硅酸盐砌块。

⑤ 生产粉煤灰加气混凝土。

⑥ 生产粉煤灰陶粒。

⑦ 生产粉煤灰轻质耐热保温砖。

(3) 粉煤灰作农业肥料和土壤改良剂

① 作土壤改良剂。粉煤灰具有良好的物理化学性质，能广泛应用于改造重黏土、生土、酸性土和盐碱土，弥补其酸、瘦、板、黏的缺陷。

② 作农业肥料。粉煤灰含有大量枸溶性硅、钙、镁、磷等农作物所必需的营养元素。

(4) 回收工业原料

① 回收煤炭资源。

② 回收金属物质。

③ 分选空心微珠。

(5) 作环保材料

① 环保材料开发。利用粉煤灰可制造分子筛、絮凝剂和吸附材料等环保材料。浮选回收的精煤具有活化性能，可用以制作活性炭或直接作吸附剂，直接用于印染、造纸、电镀等各行各业工业废水和有害废气的净化、脱色，以及航空航天火箭燃烧剂的废水处理。

② 用于废水处理。粉煤灰可用于处理含氟废水、电镀废水与含重金属离子废水和含油废水。

二、冶金渣

1. 概述

在冶金渣中排量大的主要有高炉水淬矿渣、钢渣、高炉重矿渣等，其中高炉水淬矿渣和高炉重矿渣利用率较高，而钢渣利用率较低。未得到利用的冶金渣长期堆放未及时综合利用，一方面会造成冶金渣逐渐失去活性难以再利用，另一方面冶金渣的堆放要占用大量土地并会严重污染环境。

(1) 冶金渣综合利用的发展方向　目前，我国的钢产量稳居世界第一，但由于炼铁炼钢技术尚不够先进，因而各钢铁企业每年都会产生大量的、不同种类的冶金渣。根据我国的国情和目前的技术水平，要想大量利用冶金渣，只有走开发节能、环保的建材产品这条路。冶金渣资源化处理和综合利用是指从冶金渣中磁选除铁并将尾料大量用于建材产品的生产。从冶金渣中磁选回收的废钢铁可返回钢铁厂冶炼再利用；磁选回收的尾料可用来生产水泥混合材、路基材、砌筑水泥、预拌砂浆、混凝土标砖、多孔砖、冶金渣蒸压加气砌块等建材产品。冶金渣的开发利用既要考虑资源的再利用，符合循环经济的产业政策；又要考虑到采用合理的生产工艺，开发出节能、环保、符合市场需求、达到国家标准要求的建材产品。

(2) 冶金渣综合利用与节能环保　利用冶金渣生产节能环保建材产品的方法是利用钢铁厂产生的冶金渣、高炉煤气、余热蒸汽等再生资源生产出节能、环保、可替代高能耗建材产品的新工艺。破碎磁选除铁后的钢渣含有较多的游离 CaO 等矿物质，这些矿物质具有水硬性。当钢渣与高炉水淬矿渣配合使用时，钢渣水化析出的 $Ca(OH)_2$ 能对矿渣起到碱性激发作用，而矿渣又可消除钢渣中游离 CaO 的不良影响，改善产品的体积安定性。破碎磁选除铁后的重矿渣具有致密、体积安定性好的特点，可取代碎石、黄砂用作建材产品的粗细骨料。下面以钢渣混合材、钢渣矿渣混凝土砖和冶金渣蒸压加气砌块为例，来分析冶金渣综合利用与节能环保的关系。

① 钢渣混合材的节能环保分析。钢渣应用于水泥工业在我国已有几十年的历史，据不完全统计，国内目前每年可使用钢渣混合材 1000×10^4 t。用于生产水泥的钢渣混合材必须烘干，而目前普遍的烘干方法是用汽车将含水约 12%的钢渣混合材运送至水泥厂，然后用煤燃烧产生热风进行烘干。该过程一方面增加了 10%的汽车运输量，另一方面需要消耗煤炭资源。现在利用钢渣作为水泥混合材的经济方式是利用炼铁厂产生的副产品——高炉煤气就地进行烘干，这样可大幅节省汽车运输量和石油、煤炭等资源。采用高炉煤气就地进行烘干，每吨钢渣初水分 12%烘干至终水分 2%需 $150m^3$ 的高炉煤气（热值以 $3500kcal/m^3$ 计❶），每年 1000×10^4 t 钢渣混合材需 $15\times10^8 m^3$ 的高炉煤气，折合标煤 75×10^4 t（标煤热值约 7000kcal/kg）；每年 1000×10^4 t 钢渣混合材（运距以 30km 计）可节省汽车运输用油量 45×10^4 L（重型载重汽车以每吨钢渣油耗以 1.5L/100km 计）、煤炭用量 75×10^4 t。

② 钢渣矿渣混凝土砖的节能环保分析。钢渣矿渣混凝土砖主要是以钢渣矿渣配制的砌筑水泥为胶凝材料，以钢渣、水淬矿渣和高炉重矿渣为骨料，再掺入一定量的添加剂，采用半干法压制成型、钢厂余热蒸汽养护的方法生产出来的一种冶金渣砖。该生产工艺于 2006 年在新余钢铁股份有限公司的建材生产线上已经实施。经过理论和实践证明该工艺生产出来的钢渣矿渣混凝土砖各项性能指标均优于国家标准要求，而且产品成本低，生产原料 90%以上采用钢厂废弃的冶金渣，采用钢厂余热蒸汽养护，符合国家节能环保的产业政策。以某公司年产 $30\times10^4 m^3$ 的钢渣矿渣混凝土砖生产线为例，每年可消耗钢渣约 11×10^4 t、矿渣 11×10^4 t、重矿渣 22×10^4 t，可为钢厂利用大量的冶金渣并产生良好的经济效益。

钢渣矿渣混凝土砖生产使用的胶凝材料采用冶金渣自配的 M22.5 砌筑水泥，无需采用高能耗的 PS32.5 以上的成品水泥。钢渣矿渣混凝土砖的骨料就地采用钢厂的冶金渣，每年可减少 36×10^4 t 砂石的开采开挖量和汽车运输量。钢渣矿渣混凝土砖的养护采用钢厂余热蒸汽养护，节省了煤炭资源。该条生产线集成了冶金渣、余热蒸汽、高炉煤气等再生资源的综合利用，每年可节省砂石运输（运距以 30km 计）用油量 16.2×10^4 L（重型载重汽车每

---

❶ 1kcal=4.184kJ。

吨钢渣油耗以 1.5L/100km 计）；每年可节省成品水泥 9×10^4t，折合标煤约 1×10^4t（成品水泥煤耗以 110kg/t 计）；同时每年可减少 2 亿块黏土标砖的生产使用，折合标煤 3×10^4t（黏土砖煤耗以 100kg/m^3 计）。若全国 100 家大型钢铁厂平均每家建设一条 $30\times10^4m^3$ 的钢渣矿渣混凝土砖生产线，每年可利用冶金渣共约 4400×10^4t，节省汽车运输用油量 1620×10^4L、煤炭用量 400×10^4t。这样既大量利用了钢厂废弃的冶金渣，又大量代替了黏土砖的市场，保护了耕地；同时由于钢渣矿渣混凝土是一种免烧砖，因而可以节能降耗。

③ 冶金渣蒸压加气砌块生产的节能环保分析。冶金渣蒸压加气砌块是将钢渣、矿渣加水磨成浆料，加入粉状复合添加剂，适量石膏和发气剂，经发气、预养、切割、蒸压等工序后制成的加气砌块制品。该工艺生产出来的冶金渣蒸压加气砌块性能良好，符合工业与民用建筑需要，而且能大量地消耗冶金渣。该工艺采用的原材料中 90%以上为冶金渣，养护蒸汽是采用炼铁厂的副产品——高炉煤气作为燃料产生的，产品成本低。该生产线每年消耗约 $7500\times10^4m^3$ 的高炉煤气（热值以 3200kcal/m^3 计），折合标煤约 3.4×10^4t（标煤热值以 7000kcal/kg 计）。以某公司年产 $30\times10^4m^3$ 的冶金渣蒸压加气砌块生产线为例，每年可消耗钢渣约 14×10^4t、矿渣 14×10^4t，可利用大量的冶金渣并产生良好的经济效益。若全国 100 家大型钢厂平均每家建设一条 $30\times10^4m^3$ 的冶金渣蒸压加气砌块生产线就可利用冶金渣共约 3000×10^4t，每年节省煤炭用量 340×10^4t。

2. 冶金尘泥的综合利用

（1）技术分析　钢铁厂冶金尘泥主要包括高炉瓦斯泥、转炉尘泥及除尘灰等。

炼钢过程中，加入转炉内的原料有 2%左右会转变为粉尘，转炉尘的发生量约为 20kg/t。炼钢粉尘主要由氧化铁组成，占 70%～95%，其他氧化物杂质（如 CaO、ZnO 等）占 5%～30%。转炉炼钢尘泥一般可用作烧结的原料，但锌在炼铁过程中属有害元素，因在高炉冶炼的过程中易形成炉渣而影响炉料和气体的流动，因此转炉尘泥在回收过程中，可通过选矿法回收粉矿和富 C、Zn 的尾泥。在烧结混合料中加入 OG 泥（炼钢生产过程中所产生的第二大固体废物）悬浮液有利于混合料制粒，随 OG 泥配量的增加，混合料中 1mm 粒级比例迅速降低，有利于改善混合料透气性，提高产量，降低成本及保护环境。

高炉瓦斯泥的组成主要是约 20%的 Fe_2O_3、23%的 C、1%～5%的 Zn，还有较多的 CaO、SiO_2、Al_2O_3 等氧化物。高炉炉尘产生量约为 25kg/t。高炉瓦斯泥颗粒较细，小于 200 目的占 90%以上。高炉瓦斯泥的特征是含锌、铁、碳、水分含量高，颗粒细，锌主要存在于较小的颗粒中。对高炉瓦斯泥、瓦斯灰可采用水力分离选矿法提取富 Zn、富 C 尾泥作为资源回收利用。

目前我国大型企业的冶金尘泥回收利用率可达 100%。转炉泥、除尘灰及瓦斯泥利用工艺和技术处于较先进水平，可为企业带来很好的经济效益。

（2）工艺分析　冶金尘泥综合利用工艺流程如下。

① 转炉泥、除尘灰干法利用工艺：转炉泥、除尘灰→烧结返矿→混合料加工场。

② 转炉泥湿法利用工艺：转炉泥→搅拌池→管道→烧结配料皮带→转炉泥烘干＋氧化铁皮＋化学黏结剂→搅拌混匀→加压成球→入炉干燥→球团矿。

③ 瓦斯泥利用工艺：瓦斯泥→重选→铁精粉→烧结厂→含锌泥→火法提锌。

3. 冶金固体废物综合利用的发展趋势

近年来，国内各钢铁企业以固体废物全利用、零排放为目标，取得了很大进步，专业化集中管理与多种管理体制相结合也初见成效。目前，各钢铁企业基本完成了工业固体废物中含铁资源的全量处理和回收利用，利用路径为：固废资源回收→烧结→高炉→炼钢→轧钢，即所谓大循环利用模式，但其利用仍处于低层次、低效率、低附加值、低梯级的利用，表现为经济效益和环保效益的非最优化，如氧化铁皮、转炉泥及瓦斯泥的利用等，故在固废深度开发和高价值利用方面还有待进一步研究与发展。

(1) 加强钢渣熔剂渣配料对烧结矿品位与质量的研究　钢渣经破碎磁选后回收的熔剂渣一直以来为烧结厂利用，配比一般在 115%左右。但熔剂渣的配入会影响烧结矿的品位和质量，主要是由于所配钢渣的加水润湿性能和造球性能较铁矿粉差，烧结厂用量有限甚至停止使用，使熔剂渣利用与外销压力增大。因此应加强烧结矿配加钢渣熔剂渣强化制粒的试验研究，探讨合适的钢渣熔剂渣配入量，保证烧结速度、烧结矿强度、成品率、利用系数、烧结矿还原性等指标符合要求。

(2) 进一步开发钢渣在水泥生产中的应用　应进一步加强钢渣用于水泥厂的生产试验研究和生产性验证，探索钢渣水泥生产最佳工艺控制参数，提高钢渣掺入量。

(3) 开发钢渣粉生产　利用水泥和混凝土中的钢渣粉是我国钢渣高价值资源化利用的最佳途径。细度在比表面积为 $400m^2/kg$ 的钢渣可等量取代 10%～30%的水泥，直接用于混凝土建筑工程，可提高混凝土后期强度，提高耐磨性、抗冻性、耐腐蚀性能，成本比水泥低 30%，可降低工程造价，是高性能高耐久性混凝土的原料。在开发钢渣粉生产中要加强粉磨设备的选择和粉磨工艺的控制。

(4) 钢渣作道路材料和建筑材料　关键是要解决钢渣的稳定性问题，需要对现有热泼法渣处理工艺进行改进，应加强钢渣热闷法处理工艺及装备等技术研究。

(5) 加快瓦斯泥的梯级开发利用　瓦斯泥重选提铁后，其尾泥中碳含量高达 35%，对瓦斯泥中碳元素加以回收代替高炉喷吹用无烟煤。使用回收新工艺可回收炭粉。

(6) 开发冶金尘泥生产炼钢用冷却剂、造渣剂　转炉泥、除尘灰、氧化铁皮等的综合利用过去一直采取“回收-加工-烧结利用”工艺路线，不是固废资源的深度开发高附加值的利用方式。利用转炉泥等冶金尘泥生产符合炼钢要求的冷却剂、造渣剂，使冶金尘泥的利用工艺从过去的“废料-烧-铁-钢”大循环利用向“废料-钢”小循环利用转变，使系统能耗更少、污染更小、成本更低、效益更好。

国家鼓励发展循环经济，号召节能降耗。冶金固体废物资源化处理与综合利用是最具代表性的资源循环利用、节能、环保措施之一，也是钢铁工业实现健康、可持续发展的一个重要保障。利用冶金渣生产建材产品既大量利用了工业废渣及余热蒸汽、高炉煤气等再生资源，又能生产出满足市场需要的绿色建材产品，这样的项目具有良好的环境效益、经济效益和社会效益。因此应继续加大研究并推广冶金固体废物资源化处理与综合利用技术，为我国钢铁企业的健康、可持续发展作出贡献。

三、高炉渣

1. 概述

(1) 高炉渣的来源　高炉渣是冶炼生铁时从高炉中排出的废物。炼铁的原料主要是铁矿石、焦炭和助溶剂。当炉温达到 1400～1600℃时，炉料熔融，矿石中的脉石、焦炭中的灰分和助溶剂，以及其他不能进入生铁中的杂质形成的以硅酸盐和铝酸盐为主浮在铁水上的熔渣，称为高炉渣。每生产 1t 生铁时高炉渣的产生量随着矿石品位和冶炼方法的不同而变化。一般地，采用贫铁矿炼铁时，每吨生铁产生 1.0～1.2t 高炉渣；采用富铁矿炼铁时，每吨生铁产生 0.25t 高炉渣。由于近代选矿和炼铁技术的提高，高炉渣量已大大下降。

(2) 高炉渣的分类　由于炼铁原料品种和成分的变化以及操作等工艺因素的影响，高炉渣的组成和性质也不同，高炉渣的分类主要有两种方法：第一种是按照冶炼生铁的品种分为铸造生铁矿渣（冶炼铸造生铁时排出的矿渣）、炼钢生铁矿渣（冶炼供炼钢用生铁时排出的矿渣）和特种生铁矿渣（用含有其他金属的铁矿石熔炼生铁时排出的矿渣）；第二种是按照矿渣的碱度区分。高炉渣的化学成分中的碱性氧化物含量之和与酸性氧化物含量之和的比值称为高炉渣的碱度或碱性率，以 M_0 表示，即

$$M_0=\frac{c[CaO]+c[MgO]}{c[SiO_2]+c[Al_2O_3]}$$

按照高炉渣的碱性率可把矿渣分为以下三类：碱性矿渣（$M_0>1$ 的矿渣）、中性矿渣（$M_0=1$ 的矿渣）和酸性矿渣（$M_0<1$ 的矿渣）。这是高炉渣最常用的一种分类方法，碱性率比较直观地反映了重矿渣中碱性氧化物和酸性氧化物含量的关系。

（3）高炉渣的组成　高炉渣中主要的化学成分是二氧化硅（SiO_2）、三氧化二铝（Al_2O_3）、氧化钙（CaO）、氧化镁（MgO）、氧化锰（MnO）、氧化铁（Fe_2O_3）和硫（S）等。此外有些矿渣还含有微量的二氧化钛（TiO_2）、氧化钒（V_2O_5）、氧化钠（Na_2O）、氧化钡（BaO）、五氧化二磷（P_2O_5）、三氧化二铬（Cr_2O_3）等。在高炉渣中，氧化钙（CaO）、二氧化硅（SiO_2）、三氧化二铝（Al_2O_3）占 90%（质量分数）以上。

中国大部分钢铁厂高炉渣的化学成分见表 4-3。

表 4-3　中国大部分钢铁厂高炉渣的化学成分（质量分数）　　单位：%

名称	CaO	SiO_2	Al_2O_3	MgO	MnO	Fe_2O_3	TiO_2	V_2O_5	S	F
普通渣	38～49	26～42	6～17	1～13	0.1～1	0.15～2	—	—	0.2～1.5	—
高钛渣	23～46	20～35	9～15	2～10	<1	—	20～29	0.1～0.6	<1	—
锰钛渣	28～47	21～37	11～24	2～8	5～23	0.1～1.7	—	—	0.3～3	—
含氟渣	35～45	22～29	6～8	3～7.8	0.1～0.8	0.15～0.19	—	—	—	7～8

高炉渣的化学成分随矿石的品位和冶炼生铁的种类不同而变化。当冶炼炉料固定且冶炼正常时，高炉渣的化学成分的波动是很小的，对综合利用是有利的。中国高炉渣大部分属于中性炉渣，碱性率一般为 0.99～1.08。

高炉渣的矿物组成与生产原料和冷却方式有关。高炉渣的各种氧化物成分以各种形式的硅酸盐矿物形式存在。

碱性高炉渣的主要矿物是黄长石，它是由钙铝黄长石（$2CaO\cdot Al_2O_3\cdot SiO_2$）和钙镁黄长石（$2CaO\cdot MgO\cdot SiO_2$）组成的复杂固溶体，其次含有硅酸盐二钙（$2CaO\cdot SiO_2$），再其次是少量的假硅灰石（$CaO\cdot SiO_2$）、钙长石（$CaO\cdot Al_2O_3\cdot SiO_2$）、钙镁橄榄石（$CaO\cdot MgO\cdot SiO_2$）、镁蔷薇辉石（$3CaO\cdot MgO\cdot SiO_2$）以及镁方柱石（$2CaO\cdot MgO\cdot 2SiO_2$）等。

酸性高炉渣由于其冷却的速度不同，形成的矿物也不一样。在快速冷却时全部冷凝成玻璃体；在缓慢冷却时（特别是弱酸性的高炉渣）往往出现结晶的矿物相，如黄长石、假硅灰石、辉石和斜长石等。

高钛高炉渣主要矿物成分是钙钛矿、钛辉石、巴依石和尖晶石等；锰铁高炉渣中的主要矿物是锰橄榄石（$2MnO\cdot SiO_2$）。

根据高炉渣的化学成分和矿物组成，高炉渣属于硅酸盐材料范畴，适用于加工制作水泥、碎石、骨料等建筑材料。

2. 高炉渣的处理加工

在利用高炉渣之前，需要进行加工处理。其用途不同，加工处理的方法也不同。我国通常是把高炉渣加工成水淬渣、矿渣碎石、膨胀矿渣和膨胀矿渣珠等形式加以利用。

（1）高炉渣水淬处理工艺　高炉渣水淬处理工艺是将热熔状态的高炉渣置于水中急速冷却的处理方法，是国内处理高炉渣的主要方法。目前普遍采用的水淬方法有渣池水淬和炉前水淬两种。

渣池水淬是用渣罐将熔渣拉到距离炉较远的地方，将熔渣直接倾倒入水池中，熔渣遇水后急速冷却成水渣。水淬后用吊车抓出水渣放置堆场装车外运。此法最大的优点是节约用水，其主要缺点是易产生大量渣棉和硫化氢气体污染环境。

炉前水淬是利用高压水使高炉渣在炉前冲渣沟内淬冷成粒并输送到沉渣池形成水渣。根据过滤方式的不同，可以分为炉前渣池式、水力输送渣池式、搅拌槽泵送法等。

① 炉前渣池式应用于国内一些小高炉，在高炉旁边建池，水渣经渣池沉淀后，用一台电葫芦抓出，供水一般采用直流方式，不再回收。此法与渣池水淬相比，其优点是取消了渣罐运输，但其缺点是池内有害气体会污染环境，影响周围设备及操作。

② 水力输送渣池式是在炉前水淬，经渣沟水力输送到渣池沉淀，用吊车抓渣，有循环和直流两种供水方式。国内 $255m^3$ 以上高炉多采用此种方法，此法与炉前渣池式相比，其优点是改善了炉前运输条件，避免了炉前污染。为了避免污水污染环境和减少耗水量，宜推广循环供水，但目前在过滤上还存在一些问题。此外，由于冲渣水中含有许多浮渣，水泵磨损也很严重。

③ 搅拌槽泵送法工艺流程如下。熔渣经粒化器水淬后，渣和水一起流入搅拌槽中，被冲成的渣水混合物由泵打入分配槽内，再由分配槽将渣水混合物装入脱水槽中把渣和水过滤分开。渣由卸料口卸入翻斗机，运到料场堆积起来。水穿过脱水槽的金属网，进入集水管流入集水池。在搅拌槽底部，为了防止水冲渣沉降，并使渣水混匀输送，故装有泵抽水管和给水管，并配备有搅拌喷嘴。由于熔渣冷却产生大量水蒸气和硫化氢气体，为防止污染环境，在搅拌槽上部设置了排气筒。此法的优点是占地面积小，污染环境少，脱水效果好。但砂泵与输送管道易磨损，采用硬质合金或橡胶衬里的耐磨泵，使用寿命较长（1.5～3 年）。

（2）矿渣碎石工艺　矿渣碎石式高炉熔渣是在指定的渣坑或渣场自然冷却或淋水冷却形成较为致密的矿渣石后，再经过挖掘、破碎、磁选和筛分而得到的一种碎石材料。矿渣碎石的生产工艺有热泼法和堤式法两种。

热泼法是将熔渣分层浇泼在坑内或渣场上，泼完后，喷洒适量水使热渣冷却和破裂，达到一定厚度后，即可用挖掘机等进行采掘，并运到处理车间进行破碎、磁选、筛分加工，并将产品分级出售。该方法生产工艺简单，但有许多不足之处。目前国外多采用薄层多层热泼法，该法每次排放的渣层厚度为 4～7cm、6～10cm 和 7～12cm。相比过去常用的单层逸出，渣的密度大；分层放渣时产生的玻璃态物质，容易被上层的熔渣充分结晶并得到退火。

堤式法是用渣罐车将热熔矿渣运至堆渣场，沿铁路路堤两侧分层倾倒，待形成渣山后，再进行开采，即可制成各种粒级的重矿渣。堤式法实际上是一种开采渣山的方法，是国内某些钢铁企业历年抛渣形成渣场后，为了利用重矿渣、挖掉渣山而采用的一种开采方法。

（3）膨胀矿渣和膨胀矿渣珠生产工艺　膨胀矿渣是适量冷却水急冷高炉熔渣而形成的一种多孔轻质矿渣。其生产方法主要有喷射法、滚筒法等。

喷射法是欧美有些国家使用的方法，一般是在熔渣倒向坑内的同时，坑边有水管喷出强烈的水平水流流入熔渣，使熔渣急冷增加黏度，形成多孔状的膨胀矿渣。喷出的冷却剂可以是水，也可以是水和空气的混合物，其压力为 0.6～0.7MPa。滚筒法是国内常用的一种方法。此法工艺设备简单，主要由接渣槽、溜槽、喷水管和滚筒所组成。溜槽下面设有喷嘴，当热熔渣流过溜槽时，受到从喷嘴喷出的 0.6MPa 压力的水流冲击，水与熔渣混合在一起流至滚筒上并立即被滚筒甩出，落入坑内，熔渣在冷却过程中放出气体，发生膨胀。

近年来，国内外正在推行一种生产膨胀矿渣珠（简称膨珠）的方法。膨珠的生产工艺过程是热熔矿渣进入流槽后经喷水急冷，又经高速旋转的滚筒击碎、抛甩并继续冷却，在这一过程中熔渣自行膨胀，并冷却成珠。这种膨珠具有多孔、质轻、表面光滑的特点。而且在生产过程中用水量少，放出的硫化氢气体较少，可以减轻对环境的污染。膨珠不用破碎，即可直接用作轻混凝土骨料。

3. 高炉渣的综合利用

（1）水渣作建材　中国高炉渣主要用于生产水泥和混凝土。中国有75%左右的水泥中掺有水渣。由于水渣具有潜在的水硬胶凝性能，在水泥熟料、石灰、石膏等激发剂作用下，可显示出水硬胶凝性能，是优质的水泥原料。目前中国使用水泥渣制作的建材主要有以下几种。

① 矿渣硅酸盐水泥。简称矿渣水泥，是用硅酸盐水泥熟料和粒化高炉渣加3%～5%的石膏混合磨细制成的水硬性胶凝材料。其水渣加入量视所生产的水泥标号而定，一般为20%～70%。由于该种水泥吃渣量较大，因而是中国水泥产量最多的品种。目前，中国大多数水泥厂采用水渣生产400号以上的矿渣水泥。

这种水泥与普通水泥相比具有以下特点：a. 具有较强的抗溶出性和抗硫酸盐侵蚀性能，故能使用于水上工程海港及地下工程等，但在酸性水及含镁盐的水中，矿渣水泥的抗侵蚀性能较普通水泥差；b. 水化热较低，适合于浇筑大体积混凝土；c. 耐热性较强，使用在高温车间及高炉基础等容易受热的地方比普通水泥好；d. 早期强度低，而后期强度增长率高，所以在施工时应注意早期养护。此外，在循环受干湿或冻融作用条件下，其抗冻性不如硅酸盐水泥，所以不宜用于水位时常变动的水利工程混凝土建筑中。

② 石膏矿渣水泥。是由80%左右的水渣加15%左右的石膏和少量硅酸盐水泥熟料或石灰混合磨细制得的水硬性胶凝材料。其中石膏的作用在于提供水化时所需要的硫酸钙成分，属于硫酸盐激发剂；少量硅酸盐水泥熟料或石灰的作用是对矿渣起碱性活化作用，能促进铝酸钙和硅酸钙的水化，属于碱性激发剂，一般情况下，石灰加入量为5%以下，硅酸盐水泥熟料掺入量在8%以下。这种石膏矿渣水泥成本较低，具有较好的抗硫酸盐侵蚀和抗渗透性，适用于混凝土的水利工程建筑物和生产各种预制砌块。

③ 石灰矿渣水泥。是将干燥的粒化高炉矿渣、生石灰或消石灰以及5%以下的天然石膏，按适当的比例配合磨细而成的一种水硬性胶凝材料。石灰的掺入量一般为10%～30%。它的作用是激发矿渣中的活性成分，生成水化铝酸钙和水化硅酸钙。石灰掺入量太少，矿渣中的活性成分难以充分激发；掺入量太多，则会使水泥凝结不正常、强度下降和安定性不良。石灰的掺入量往往随原料中氧化铝含量的变化而变化，氧化铝含量高或氧化钙含量低时应多掺入石灰，通常先在12%～20%范围内配制。该水泥适用于生产蒸汽养护的各种混凝土预制品，水中、地下、路面等的无筋混凝土和工业与民用建筑砂浆。

④ 矿渣砖。是用水渣加入一定量的水泥等胶凝材料，经过搅拌、成型和蒸汽养护而成的砖。矿渣砖所用水渣粒度一般不超过8mm，入窑蒸汽温度为80～100℃，养护时间12h，出窑后即可使用。用87%～92%的粒化高炉矿渣、5%～8%的水泥，加入3%～5%的水混合，所生产的砖强度可达到10MPa左右，能用于普通房屋建筑和地下建筑。此外，将高炉矿渣磨成矿渣粉，按质量比加入47%的矿渣粉和60%的粒化高炉矿渣，再加水混合成型，然后再在1.0～1.1MPa的蒸汽压力下蒸压6h，也可得到抗压强度较高的砖。

⑤ 矿渣混凝土。是以水渣为原料，配入激发剂（水泥熟料、石灰、石膏），放入轮碾机中加

水碾磨与骨料拌和而成。矿渣混凝土的各种物理力学性能，如抗拉强度、弹性模量、耐疲劳性能和钢筋的黏结力均与普通混凝土相似。其优点在于具有良好的抗水渗透性能，可以制成不透水性能很好的防水混凝土；具有很好的耐热性能，可以用于工作温度在600℃以下的热工工程中，能制成强度达50MPa的混凝土。此种混凝土适宜在小型混凝土预制厂生产混凝土构件，但不适宜在施工现场浇筑使用。中国于1959年推广采用矿渣混凝土，经过长期使用考验，大部分质量良好。

（2）矿渣碎石的利用　矿渣碎石的物理性能与天然岩石相近，其稳定性、坚固性、撞击强度以及耐磨性、韧度均满足工程要求。矿渣碎石的用途很广，用量也很大，在中国可代替天然石料用于公路、机场、地基工程、铁路道砟、混凝土骨料和沥青路面等。

① 配制矿渣碎石混凝土。矿渣碎石混凝土是利用矿渣碎石作为骨料配制的混凝土。其配制方法与普通混凝土相似，但用水量稍高，其增加的用水量一般按重矿渣质量的1%～2%计算。矿渣碎石混凝土具有与普通混凝土相近的物理力学性能，而且还有良好的保温、隔热、耐热、抗渗和耐久性能。一般用矿渣碎石配制的混凝土与天然骨料配制的混凝土强度相同时，其混凝土容重减轻20%，矿渣碎石混凝土的抗压强度随矿渣容重的增加而增高。

矿渣碎石混凝土的使用在中国已有几十年的历史，在许多重大建筑工程中都使用了矿渣混凝土，实际效果良好。例如，鞍钢的许多冷却塔是20世纪30年代用矿渣碎石混凝土建造的，至今仍完好；鞍钢的8号高炉基础也是20世纪30年代建造的，其矿渣碎石混凝土的基础良好。

② 矿渣碎石在地基工程中的应用。矿渣碎石的强度与天然岩石的强度大体相同，其块体强度一般都超过50MPa，因此矿渣碎石的颗粒强度完全能够满足地基的要求。矿渣碎石用于处理软弱地基在中国已有几十年的历史，一些大型设备的混凝土，如高炉基础、轧钢机基础、桩基础等，都可用矿渣碎石作骨料。

③ 矿渣碎石在道路工程中的应用。矿渣碎石具有缓慢的水硬性，对光线的漫射性能好，摩擦系数大，非常宜于建筑道路。用矿渣碎石作基料铺成的沥青路面既明亮，防滑性能又好，还具有良好的耐磨性能，制动距离缩短。矿渣碎石还比普通碎石具有更高的耐热性能，更适用于喷气式飞机的跑道上。

④ 矿渣碎石在铁路道砟上的应用。矿渣碎石可用来铺设铁路道砟，并可适当吸收列车行走时产生的振动和噪声。中国铁路线上采用矿渣道砟的历史较久，但大量利用是在新中国成立后才开始的。目前矿渣道砟在中国钢铁企业专用铁路线上已得到广泛应用。鞍山钢铁公司从1953年开始在专用铁路线上大量使用矿渣道砟，现已广泛应用于木轨枕、预应力钢筋混凝土轨枕和钢轨枕等各种线路，使用过程中无任何缺陷。1967年鞍钢矿渣首次在哈尔滨至大连的一级铁路干线上使用，经过多年的考验，效果良好。

（3）膨珠作轻骨料　近年来发展起来的膨珠生产工艺制取的膨珠质轻、面光、自然级配好、吸音、隔热性能好，可以制作内墙板、楼板等，也可以用于承重结构。用作混凝土骨料可节约20%左右的水泥，中国采用膨珠配制的轻质混凝土容积密度为1400～2000kg/m^3，较普通混凝土轻1/4左右，抗压强度为9.8～29.4MPa，热导率为0.407～0.528W/(m·K)，具有良好的物理力学性质。膨珠作轻质混凝土在国外也有广泛使用，美国钢铁公司在匹兹堡建造了一座64层办公大楼，用的就是这种轻质混凝土。

（4）高炉渣的其他应用　高炉渣还可以用来生产一些用量不大、产品价值高，又有特殊性能的高炉渣产品。例如矿渣棉及其制品、热铸矿渣、矿渣铸石及微晶玻璃、硅钙渣肥等。

矿渣棉是以高炉渣为主要原料，在熔化炉中熔化后获得熔融物再加以精制而得的一种白色棉状矿物纤维。它具有质轻、保温、隔热、隔声、防震等性能。

生产矿渣棉的方法有喷吹法和离心法两种。原料在熔炉熔化后流出，即用蒸汽或压缩空气喷吹成矿渣棉的方法叫喷吹法；原料在熔炉熔化后落在回转的圆盘上，用离心力甩成矿渣棉的方法叫离心法。矿渣棉的主要原料是高炉渣，占 80%～90%，还有 10%～20%的白云石、萤石和红砖头、卵石等。生产矿渣棉的燃料是焦炭，生产分配料、熔化喷吹、包装等三个工序。

矿渣棉可用作保温材料、吸音材料和防火材料等，由它加工的产品有保温板、保温毡、保温筒、保温带、吸音板、窄毡条、吸音带、耐火板及耐热纤维等。矿渣棉广泛用于冶金、机械、建筑、化工和交通等部门。

微晶玻璃是近几十年发展起来的一种用途广泛的新型无机材料，高炉渣可作为其原料之一。矿渣微晶玻璃的主要原料是 62%～78%的高炉渣、22%～38%的硅石或其他非铁冶金渣等，其制法是在固定式或回转式炉中，将高炉渣与硅石和结晶促进剂一起熔化成液体，然后用吹、压等一般玻璃成型方法成型，并在 730～830℃下保温 3h，最后升温至 1000～1100℃保温 3h 使其结晶、冷却即为成品。

矿渣微晶玻璃产品，比高碳钢硬，比铝轻，其机械性能比普通玻璃好，耐磨性不亚于铸石，热稳定性好，电绝缘性能与高频瓷接近。矿渣微晶玻璃用于冶金、化工、煤炭、机械等工业部门的各种容器设备的防腐层和金属表面的耐磨层以及制造溜槽、管材等，使用效果很好。

第三节　农业固体废物的综合利用

一、堆肥

（一）堆肥的概念

堆肥化就是在人工控制下，在一定的水分、C/N 值和通风条件下通过微生物的发酵作用，将有机物转变为肥料的过程。在这种堆肥化过程中，有机物由不稳定状态转化为稳定的腐殖质物质，对环境尤其土壤环境不构成危害。堆肥化的产物称为堆肥。

有机污泥、人和禽畜粪便以及农业固体废物等都含有堆肥微生物所需要的各种基质——碳水化合物、脂类和蛋白质，因而是堆肥的常用原料。在生活垃圾中，不可堆肥的物质需经预处理后，才能用于堆肥。目前中国推广实行垃圾分类收集，这样可省去预处理。人和禽畜粪便都已经过胃肠系统的消化，颗粒较小，含水量高，且含有大量低分子化合物，可直接用于堆肥。有机污泥是指含有大量有机物的污泥。包括生活污水污泥和来自食品、制革、造纸和炼油等行业的工业废水处理污泥。这些污泥都含有微生物生长繁殖所需的营养成分，是堆肥的良好原料。农业固体废物均含有丰富的碳元素，但有的因含有纤维素、半纤维素、果胶、木质素、植物蜡等，较难被微生物分解；有的因表面布有众多毛孔而具有疏水性，致使其受微生物分解过程十分缓慢，所以均需作预处理，才能用作堆肥。

（二）堆肥的基本原理

有机固体废物是堆肥微生物赖以生存、繁殖的物质条件，由于微生物生长时有的需要氧气，有的不需要氧气，因此，根据处理过程中起作用的微生物对氧气要求的不同，有机固体废物处理可分为好氧堆肥法（高温堆肥）和厌氧堆肥法两种。前者是在通气条件下借好氧微生物活动使有机物得到降解，由于好氧堆肥温度一般在 50～60℃，极限可达 80～90℃，故亦称为高温堆肥。后者是利用微生物发酵造肥。

1. 好氧堆肥（高温堆肥）

好氧堆肥是在通气条件好、氧气充足的条件下，好氧菌对废物进行吸收、氧化以及分解的过程。好氧微生物通过自身的生命活动，把吸收的一部分有机物氧化成简单的无机物，同时释放出可供微生物生长活动所需的能量，而另一部分有机物则被合成新的细胞质，使微生物不断生长繁殖。通常，好氧堆肥的堆温较高，一般宜在 55～60℃时较好，所以好氧堆肥也称高温堆肥。高温堆肥可以最大限度地杀灭病原菌，同时，对有机质的降解速度快，堆肥所需天数短，臭气发生量少，是堆肥化的首选。

2. 厌氧堆肥

厌氧堆肥是在无氧条件下，借厌氧微生物（主要是厌氧菌）的作用来进行的。最终产物除腐殖质类有机物、二氧化碳和甲烷外，还有氨、硫化氢和其他有机酸等还原性物质。该工艺简单、不需进行通风，但反应速率缓慢，堆肥化周期较长。

（三）堆肥工艺流程

现代化的堆肥生产一般采用好氧堆肥工艺，它通常由前处理、主发酵（一次发酵）、后发酵（二次发酵）、后处理、脱臭及贮存等工序组成。

1. 前处理

在以家畜粪尿、污泥等为堆肥原料时，前处理的主要任务是调整水分和 C/N 值，或者添加菌种和酶。但以城市生活垃圾为堆肥原料时，由于垃圾中含有大块物质和非堆肥物质，因此需破碎和分选等前处理工艺。通过破碎和分选，可去除非堆肥物质，调整垃圾的粒径。

2. 主发酵

主发酵可在露天或发酵装置内进行，通过翻堆或强制通风向堆积层或发酵装置内供给氧气。露天堆肥或在发酵装置内堆肥时，由于原料和土壤中存在的微生物作用而开始发酵。首先是易分解物质分解，产生 CO_2 和 H_2O，同时产生热量，使堆温上升，这些微生物吸取有机物的碳、氮营养成分。在细菌自身繁殖的同时，将细胞中吸收的物质分解而产生热量。

3. 后发酵

经过主发酵的半成品被送到后发酵工序，将主发酵工序尚未分解的易分解有机物和较难分解的有机物进一步分解，使之变成腐殖酸、氨基酸等比较稳定的有机物，得到完全成熟的堆肥制品。一般把物料堆积到 1～2m 高，进行后发酵，并要有防止雨水流入的装置。有的场合还需要翻堆和通风，通常不进行强制通风，而是每周进行一次翻堆。

4. 后处理

经过两次发酵后的物料中，几乎所有的有机物都变细碎和发生变形，数量减少了。然而，城市生活垃圾堆肥时，在预分选工序没有去除的塑料、玻璃、陶瓷、金属、小石块等物质依然存在。因此，还需要经过一道分选工序，去除杂物，并根据需要进行再破碎（如生产精制堆肥）。

5. 脱臭

部分堆肥工艺和堆肥物质在堆制过程和结束后，会产生臭味，必须进行脱臭处理。去除臭气的方法主要有化学除臭剂除臭，碱水和水溶液过滤，熟堆肥或活性炭、沸石等吸附剂过滤。露天堆肥时，可在堆肥表面覆盖熟堆肥，以防止臭气逸散。较为常用的除臭装置是堆肥过滤器，当臭气通过该装置，恶臭成分被堆肥（熟化后的）吸附，进而被其中好氧微生物分解而脱臭，也可用特种土壤代替堆肥使用，这种过滤器叫土壤脱臭过滤器。

6. 贮存

堆肥一般在春秋两季使用，在夏冬就必须贮存，所以要建立能贮存六个月生产量的设备。贮存方式可直接堆存在发酵池中或袋装，要求干燥且透气，闭气和受潮会影响制品的质量。

（四）堆肥的影响因素

影响堆肥的因素很多，归纳起来主要有以下几方面。

1. 有机质含量

对于快速高温机械化堆肥而言，首要的是热量和温度间的平衡问题。有机质含量低的物质发酵过程中所产生的热将不足以维持堆肥所需要的温度，并且产生的堆肥由于肥效低而影响销路，但过高的有机物含量又将给通风供氧带来影响，从而导致厌氧环境，产生臭味。研究表明，堆肥中合适的有机物含量为20%～80%。

2. 水分

水分为微生物生长所必需，在堆肥过程中，按质量计，50%～60%的含水率最有利于微生物分解，水分超过70%，湿度难以上升，分解速度明显降低。

3. 温度

对堆肥而言，温度是堆肥得以顺利进行的重要因素，温度的作用主要是影响微生物的生长，一般认为高温菌对有机物的降解效率高于中温菌，现在的快速高温好氧堆肥正是利用了这一点。

4. 碳氮比

C/N值与堆肥温度有关，原料C/N值高，碳素多，氮素养料相对缺乏，细菌和其他微生物的发展受到限制，有机物的分解速度就慢，发酵过程就长。如果碳氮比例高，容易导致成品堆肥的碳氮比过高，这样的堆肥施入土壤后，将夺取土壤中的氮素，使土壤陷入“氮饥饿”状态，会影响作物生长。若碳氮比低于20∶1，可供消耗的碳素少，氮素养料相对过剩，则氮将变成铵态氮而挥发，导致氮元素大量损失而降低肥效。

5. 碳磷比

磷是磷酸和细胞核的重要组成元素，也是生物能ATP（三磷酸腺苷）的重要组成成分，一般要求堆肥料的C/P值在75～150为宜。

6. pH值

一般微生物最适宜的pH值是中性或弱碱性，pH值太高或太低都会使堆肥处理遇到困难。pH值是一个可以对微生物环境作为评估的参数，在整个堆肥过程中，pH值随时间和温度的变化而变化。在堆肥初始阶段，由于有机酸的生成，pH值下降（可降至5.0），然后上升至8～8.5，如果废物堆肥呈厌氧状态，则pH值继续下降。此外，pH值也会影响氮的损失，因为pH值在7.0时，氮会以氨气的形式逸入大气。

二、固体废物的沼气利用

（一）概述

沼气是有机物在厌氧条件下经厌氧细菌的分解作用产生的以甲烷为主的可燃性气体。

利用固体废物的厌氧发酵生产沼气的方法有两种。一是有机固体废物的卫生填埋，自然发酵产生沼气。如城市垃圾的卫生填埋，有机物分解过程中产生的气体含甲烷45%～60%，含二氧化碳35%～50%，还有少量的碳氢化合物和少量硫化氢。可把这部分气体收集、净化、回收利用。如美国在1985年已有44个填埋场地，其中23个填埋场对这些气体加以回收，生产可燃气体，另外21个填埋场则直接用于发电。另一种方法是农业废物沼气化。我国从1958年开始在农村生产和利用沼气。由于这种方法简便易行，便于推广，因此在我国发展较快。如广州市郊区鹤岗村发展猪舍与沼气相结合的低压沼气池，农民利用收集的城市厨余垃圾作饲料喂生猪，猪粪尿注入沼气池制取沼气，沼气作燃料，滤液用来养鱼，沼气渣用作农田肥料，成为一个多功能典型生态农场。农业废物沼气化是处理垃圾、粪便、农业废物的有效途径。

（二）厌氧发酵工艺的原理与控制条件

1. 厌氧发酵工艺的原理

有机物厌氧发酵依次分为液化、产酸、产甲烷三个阶段。每一阶段都有独特的微生物类群起作用。在液化阶段，发酵菌（包括纤维分解菌、脂肪分解菌、蛋白质水解菌）利用细胞外酶对有机物进行体外酶解，使固体物质变成可溶于水的物质，然后，细菌再吸收可溶于水的物质，并将其降解成不同产物。在产酸阶段，乙酸分解菌把前一阶段产生的中间产物丙酸、丁酸、醇类等进一步分解成乙酸和氢气。在产甲烷阶段，甲烷菌利用H_2、CO_2、乙酸及甲醇、甲酸、甲胺等碳类化合物为基质，将其转化成甲烷、二氧化碳等气体。

2. 工艺控制条件

厌氧发酵工艺的控制条件主要有：原料的配比、温度、pH值、搅拌。

（三）沼气池结构类型

常见的沼气池结构类型有水压式沼气池、浮罩式沼气池等。

（四）填埋气的利用

（1）垃圾沼气燃烧供热或发电　就地利用沼气燃烧供热或发电是应用最广的办法。沼气的净化也可以采用较低水平的处理，其方法为将填埋气经过一系列冷却器、分离器和过滤器使气体净化，得到的沼气甲烷浓度达40%以上，然后再送至锅炉燃烧。这种方法得到的沼气是低热值燃料，如果增加吸附净化法，还可得到高热值沼气燃料。主要用于为填埋场和附近居民供热，还可用于发电厂锅炉和工业窑炉做燃料，如制砖窑。

沼气发电的形式有内燃机发电、燃气轮机发电、蒸汽轮机发电等形式。内燃机发电因为其空气污染低，操作方便，是经济效益较高的技术，它适用性强，便于开启关闭，投资较省，应用较广，发电量可在30～2000kW·h范围。但内燃机易被燃气腐蚀，应加强对腐蚀性气体的去除。

垃圾填埋沼气发电过程一般如下：垃圾填埋沼气（LFG）自垃圾填埋场收集系统收集后（浅表LFG因热值较低应单独收集，送去火炬系统燃烧，深层LFG则被送入发电系统），经鼓风机加压，通过滤膜过滤除去大于5～10μm的颗粒，再经冷凝器、分离器去除其所含水分，然后进入内燃发电机燃烧发电。发出的电部分自用（一般10%），其余可升压进入电网输出。LFG发电技术成熟，100t垃圾产生的LFG可发电1000kW·h。

LFG发电应注意沼气中所含有的一些杂质，如硫化物、硅氧烷等，因其会产生腐蚀或会破坏催化剂，故应先对其进行预处理，一般控制进入内燃发电机的燃气中的S应为(10～200)×10^{-6}，此外还要注意气体输送管及阀门的堵塞问题，应备用一套发电系统以便维修。润滑油也需要更换。一般认为，采用内燃机发电，需维护费0.01～0.015美元/kW·h。良好的管理可保证发电机正常运行，每年发电时间可达90%。

(2) 垃圾沼气作民用燃料　垃圾沼气作民用燃料必须将甲烷的浓度提高到98%以上，不仅要除去气体中的二氧化碳，还要除去其他有害的有机挥发物。

沼气毕竟是从垃圾中产生的，可能会存在一些尚未被人们认识到的有毒、有害物质。特别是垃圾如果没有经过分类、分拣，有毒有害物质（如油漆、废弃的日光灯电池等）进入生活垃圾的可能性更大，产生的有害气体极有可能进入沼气，做民用燃料易造成污染，另外沼气燃料有一定的气味，令人不快。因此，不主张直接做民用燃料使用。况且沼气需净化至天然气质量，意味CH_4含量要由4%提纯至98%以上，如此高的净化效率只有膜分离技术方能达到。这种净化方法是处理成本最高的，直接影响其经济效益，因此，作为城市民用燃料可行性有待继续寻求技术、经济的评估。

(3) 垃圾沼气作汽车燃料　鉴于LFG净化处理作汽车燃料，其尾气排放的污染大大减轻，具有显著的环境效益，且成本不高，经济效益显著，美国已开发了采用垃圾沼气代替汽油作汽车燃料的工艺。其工艺技术是垃圾沼气的净化处理，去除气体中的CO_2、H_2S，使甲烷浓度由40%～45%提高到80%以上；然后，将净化气加压至25MPa，压入高压贮罐作汽车加气用。

三、粉煤灰的农业利用

（一）粉煤灰的改土与增产作用

1. 粉煤灰的孔隙度与土壤性能的关系

作物生长的土壤需有一定的孔隙度，而适合植物根部正常呼吸作用的土壤孔隙度下限是12%～15%，低于此值将导致作物减产。粉煤灰中的硅酸盐矿物和炭粒具有多孔性，是土壤本身的硅酸盐类矿物所不具备的。此外，粉煤灰粒子之间的孔隙度，一般也大于黏结的土壤的孔隙度。

粉煤灰施入土壤，除其粒子中、粒子间的孔隙外，粉煤灰同土壤粒子还可以连成无数“羊肠小道”，为植物根吸收提供新的途径，构成输送营养物质的交通网络。粉煤灰粒子内部的孔隙则可作为气体、水分和营养物质的“储存库”。

植物生长过程所需要的营养物质，主要是通过根部从土壤中获得，并且是以水溶液的形式提供的。

土壤中溶液的含量及其扩散运动与土壤内部各个粒子之间或粒子内部孔隙的毛细管半径有关。毛细管半径越小，吸引溶液或水分的力越大，反之亦然。这种作用使土壤含湿量得到调节。如果将粉煤灰施入土壤，能进一步改善土壤的这种毛细管作用和溶液在土壤内的扩散情况，从而调节了土壤的含湿量，有利于植物根部加速对营养物质的吸收和分泌物的排出，促进植物正常生长。

2. 施灰对土壤机械组成的影响

黏质土壤掺入粉煤灰，可变得疏松，黏粒减少，砂粒增加。盐碱土掺入粉煤灰，除变得疏松外，还可起到抑碱作用。例如某盐碱土壤，春播前容重为1.26g/cm^3，每亩施粉煤灰2

$\times 10^4$kg，秋后容重降到1.01g/cm^3，与肥沃土壤容重相近。

3. 粉煤灰对土层温度的影响

粉煤灰所具有的灰黑色利于其吸收热量，施入土壤一般可使上层温度提高1～2℃。据报道，每亩施灰1250kg，地表温度可达16℃；每亩施灰5×10^3kg，地表温度可达17℃。土层温度提高，有利于微生物活动、养分转化和种子萌发。

4. 粉煤灰的增产作用

一些试验和生产实践表明，不同土壤合理施用符合农用标准的粉煤灰都有增产作用。一般以每亩施5×10^4kg增产效果较好。不过，砂质土壤施灰增产不明显，生荒地施灰增产明显，黏土地增产最明显。作物品种不同，增产效果不同：蔬菜增产效果最好，粮食作物增产比较好，其他经济作物也有增产作用，但不十分稳定。

（二）粉煤灰肥料

1. 粉煤灰硅钾肥

以粉煤灰作硅源，配加一定比例的氢氧化钾，在700～800℃煅烧，可制备粉煤灰硅钾肥（K_2SiO_3）。此种肥料含有作物生长所需的硅和钾元素。植物根部能分泌出酸性物质，可以使K_2SiO_3溶解，供植物在较长时间内均衡吸收，因而吸收率比较高。

2. 粉煤硅钙钾肥

利用电厂旋风炉，在煤粉中掺入一部分钾盐，可以生产出适于水稻生长需要的粉煤灰硅钙钾肥。此种肥料能明显地增强水稻抗病、抗旱、抗倒伏性能，有利于提高稻谷品质，缩短成熟期，增产效果一般为10%左右。

3. 粉煤灰磁化肥

以粉煤灰为原料，按不同作物和土壤的需要，配加一定比例的N、P、K成分，在强磁场内处理，可以制得粉煤灰磁化肥。此种肥料具有调节生物生长的磁性，能够刺激作物生长、活化土壤并改善其结构，因而获得作物增产。其施用量不大，一般等同于普通商品化肥。

4. 粉煤灰磷肥

利用电厂旋风炉，在煤粉中掺入一定比例的磷灰石粉，经过高温煅烧和急冷处理，最后再经粉碎，可制得粉煤灰磷肥。此种肥料的主要营养成分为$Ca_4P_2O_9$。其中除含有硅、钙、磷、钾外，还含有植物生长所需的微量元素，对作物、蔬菜、食用菌类都有增产效果。

第四节　城市垃圾和污泥的综合利用

一、城市垃圾的综合利用

1. 城市垃圾的组成

城市垃圾是指在城市日常生活中或者为城市日常生活提供服务的活动中产生的固体废物以及法律、行政法规规定视为城市生活垃圾的固体废物，而不包括工厂所排出的工业固体废物。如菜叶、废纸、废碎玻璃制品、废瓷器、废家具、废塑料、厨房垃圾、建筑垃圾等。城市垃圾的成分很复杂，大致可分为有机物、无机物和可回收废品几类。属于有机物的垃圾主要为动植物性废弃物；属于无机物的垃圾主要为炉灰、庭院灰土、碎砖瓦等；可回收废品主要为金属、橡胶、塑料、废纸、玻璃等。近年来，城市垃圾成分有了根本的变化，如家庭燃料构成已从过去用煤、木柴改用煤气、电力，垃圾中曾占很大比例的炉渣大为减少。城市居民的日常食品有很多冷冻、干缩、预制的成品和半成品；家庭垃圾中的有机物，如瓜皮、果核等大为减少；而各类纸张或塑料包装物、金属、塑料、玻璃器皿以及废旧家用电器等产品大大增加。

2. 城市垃圾的处理

城市垃圾中往往有病原微生物存在，直接作为农肥，危害亦很大，病原体可随瓜果、蔬菜返回城市，传病于人，因此需要妥善处理。城市垃圾的处理原则如下：首先是无害化，处理后的垃圾化学性质应稳定，病原体被杀灭，要达到我国无害化处理、现行卫生评价标准的要求；其次是尽可能资源化，处理后将其作为二次资源加以利用；最后是应坚持环境效益、经济效益和社会效益相统一。在一定条件下，城市垃圾的无害化和资源化是紧密联系在一起的。

(1) 城市垃圾的预处理　城市垃圾无害化处理前需进行预处理。预处理的主要措施有分类、破碎、风力分选、磁选、静电分选以及加压等。风力分选法是利用垃圾与空气逆流接触，使垃圾中密度不同的成分分离。分离出来的轻物质一般均属有机可燃物（如纸、塑料等)，重物质则为无机物（如砖、金属、玻璃等)。浮选法是将经过筛分或风力分选后的轻物质送入水池中，玻璃屑、碎石、碎砖、高密度塑料等沉至池底，轻的有机物则浮在水面。磁流体分选法是将经过风力分选及磁选后富含铝的垃圾放入水池中，调整水溶液密度，使铝浮出水面，而其他物质仍沉在池底。磁选法可在破碎后、风力分选前，磁选法用于从破碎后固体废物中回收金属碎片。静电分选法一般在磁选法之后，用以从垃圾中除去无水分小颗粒夹杂物，其效果较风力分选、筛分为佳。由于含水分的有机物导电性好，可为高压电极所吸引，而不吸收水分的玻璃、陶瓷器、塑料、橡胶等杂物导电性差，不受电场作用，沿重力方向下落从而使两类物质分离。

(2) 城市垃圾的最终处理　城市垃圾的最终处理方法有卫生填埋、焚烧、堆肥和蚯蚓床等。

① 卫生填埋。卫生填埋是一种防治污染的填埋方法，由于填埋过程是垃圾和土交替进行，又称为夹层填埋法。从横断面看，垃圾和沙土交互填埋，既可防止垃圾的飞散和降雨时的流失，又可防止蚊、蝇等害虫滋生以及臭气和火灾的发生，因而常称为卫生填埋法。卫生填埋法有一般卫生填埋法和滤沥循环卫生填埋法两种方法。

a. 一般卫生填埋法。一般卫生填埋法是在回填场地上，先铺一层若干厘米厚的垃圾，压实后再铺上一层若干厘米厚的松土、沙或粉煤灰等覆盖层，以防鼠蝇等滋生，并可使产生的臭气溢出以防起火。然后依次用土将垃圾分割在夹层结构中，夹层厚度视垃圾种类而异。填埋的垃圾会分解下沉，在填埋的土地上，一般 20 年内不宜建造房屋，只能作为公园、绿化地、农田或牧场。

b. 滤沥循环卫生填埋法。滤沥循环卫生填埋法是近年发展起来的一种方法，其特点是将回填垃圾的含水量从 20%～25%提高到 60%～70%，收集其滤沥液循环使用，使垃圾保持湿润，从而加速有机物的厌氧分解，使填埋物加速下沉。滤沥循环系统由外部水源、泵站、贮水池和管网等构成。为防止滤沥液污染地下水，还要设集水坑，洼地四壁要不透水，底部按水流方向埋置滤管，使滤沥液向集水坑集中。滤管应用大颗粒松散固料作为滤料维护，并与一个垂直露出地面的立管相通。该系统要有一个全年注水的监测井。

② 焚烧。当垃圾的热值大于 3.3MJ/kg 时，可以自燃方式进行焚烧，否则需借助辅助燃料进行焚烧。焚烧处理的优点有：垃圾焚烧处理后，垃圾中的病原体被彻底消灭；经过焚烧，减容效果好，可节约大量填埋场占地；垃圾可作为能源来利用，还可回收铁磁性金属等资源，可以充分实现垃圾处理的资源化；垃圾焚烧厂占地面积小；焚烧处理可全天候操作，不易受天气影响。据统计，截至 2023 年底，中国城市生活垃圾焚烧厂数量为 964 座，处理能力达 112.6×10^4 d。

随着中国经济的快速发展、居民收入的增加和消费水平的提高，城市生活垃圾的产量也随之大幅增长。从 1996 年到 2020 年，中国城市生活垃圾的产量从 1.08 亿吨增至 2.35 亿吨，年化复合增长率为 3.28％。在这一背景下，垃圾焚烧逐渐成为中国最主要的垃圾处理方式，从 2006 年至 2020 年，垃圾焚烧率从 14.52％增长至 62.29％。

③ 堆肥。堆肥是我国城市垃圾处理采用较多的方法。一方面是因为我国农村有着数千年来堆肥的习惯；另一方面农村需要肥料，农家肥主要由粪便和灰土进行混合堆放制成。城市中的粪便和垃圾中的有机物与灰土是理想的堆肥原料，采用这些原料堆肥，既可以达到垃圾无害化处理的目的，又可以生产出优质有机肥料。单独采用城市垃圾堆肥，因有机物少，肥效不大，大多混合采用粪便与垃圾堆肥。堆肥有好氧和厌氧两种，多数采用好氧。

④ 蚯蚓床。城市垃圾可以利用蚯蚓处理。蚯蚓可将这些城市垃圾转变为肥效高、无臭无味的蚯蚓粪土，还能获得大量蚯蚓体作医药原料，蚯蚓体内蛋白质含量与鱼肉相当，是畜禽和水产养殖的优良饲料。发展蚯蚓养殖是使城市垃圾化害为利的有效措施之一，应大力发展。目前我国有些城市养殖蚯蚓处理有机垃圾已试验成功。

3. 城市垃圾的回收利用

由于工业发展，城市规模不断扩大，我国城市垃圾增长率约 3％，年产垃圾量达 2.35×10^8 t 左右。面对如此大的垃圾“包袱”，仅靠简单的填埋和焚烧处理显然已不合适了。应对城市垃圾进行综合处理，以保护自然环境，恢复再生原料资源。

城市垃圾是丰富的再生资源的源泉，其所含成分分别为：废纸 40％、黑色和有色金属 3％～5％、废弃食物 25％～40％、塑料 1％～2％、织物 4％～6％、玻璃 4％以及其他物质。大约 80％的垃圾为潜在的原料资源，可以重新在经济循环中发挥作用。因此，为了解决城市垃圾问题，必须创造和采用机械化的高效处理方法，回收有用成分并作为再生原料加以利用。利用垃圾有用成分作为再生原料有着一系列优点，其收集、分选费用仅为初始原料开采费用的几分之一，可以节省自然资源，避免环境污染。

二、污泥的综合利用

污泥处理技术大致可归结为两大类：一是抛弃型技术，污泥作为废物不利用；二是资源化技术，充分利用污泥中的有用成分，实现变废为宝。资源化技术符合可持续发展的战略方针，有利于建立循环型经济，近年来得到广泛关注。大多数国家的污泥采用焚烧、填埋、堆肥农用等实用性方法。如美国，污泥土地利用已经代替填埋成为最主要的污泥处置方式，重心从处置改为利用；欧洲的卢森堡、葡萄牙、西班牙、英国、瑞典、荷兰、比利时等大多数国家的污泥处置主要用于农业；希腊、德国、意大利等国家的污泥处置主要采用填埋；日本、奥地利等国家污泥处置主要采用焚烧。

（一）污泥的农业资源化利用

污泥中含有大量的有机质、氮、磷、钾等植物需要的养分，其含量高于常用牛羊猪粪等农家肥，可以与菜籽饼、棉籽饼等优质的有机农肥相媲美。但是污泥中往往也含有有害成分，因此在土地利用之前，必须对污泥进行稳定化、无害化处理，如好氧与厌氧消化、堆肥化等，其中堆肥化处理是较多采用的一种方法。

堆肥化是利用微生物的作用，将不稳定的有机质降解和转化成稳定的有机质，并使挥发性有机质含量降低，可减少臭气；可使物理性状明显改善（如含水量降低，呈疏松、分散、粒状），便于贮存、运输和使用；高温堆肥还可以杀灭堆料中的病原菌、虫卵和草籽，使堆肥产品更适合作为土壤改良剂和植物营养源。

我国农村利用杂草、秸秆等和禽兽粪便混合，制成有机肥料的做法已有很长的历史，但这种堆肥过程主要靠自然通风或表面扩散向堆料供氧，由于供氧不充分，不能作为大规模处理、生产高质量堆肥产品的手段。现代化污泥堆肥过程的主要技术措施比较复杂，主要包括：调整堆料的含水率和适当的C/N值，选择填充料改变污泥的物理性状，建立合适的通风系统，控制适宜的温度和pH值，等等。

污泥堆肥产品还可与市售的无机化肥（尿素、氯化铵、碳酸氢铵、磷酸铵、过磷酸钙、钙镁磷肥、氯化钾和磷酸钾等）共同生产有机-无机复混肥。它集生物肥料的长效、化肥的速效和微量元素的增效于一体，在向农作物提供速效肥源的同时，还能向农作物根系引植有益微生物，充分利用土壤潜在肥力，并提高化肥利用率；另外还可根据不同土壤的肥力和不同作物的营养需求，合理设计复混肥各组分的比例，生产通用复混肥及针对不同作物的专用复混肥。其主要生产工序为：堆肥、无机化肥、添加剂→粉碎→配料混合→造粒（圆盘造粒机、挤压、喷浆）→干燥→成品。

（二）污泥的能源化利用

污泥的能源化利用是污泥资源化技术的一种，指通过生物、物理或热化学的方法把污泥转变为较高品质的能源产品，同时可杀灭细菌、去除臭气。目前较成型的技术有：污泥发酵产沼气发电、污泥燃料化技术、污泥热解与制油技术、污泥制氢技术。

1. 污泥发酵产沼气发电

污泥厌氧消化不仅是现在，而且也是未来应用最为广泛的污泥稳定化工艺。厌氧消化较其他稳定化工艺获得广泛应用的原因如下：

a. 产生能量（甲烷），有时超过废水处理过程所需的能量；

b. 使最终需要处置的污泥体积减少30%～50%；

c. 消化完全时，可消除恶臭；

d. 可杀死病原微生物，特别是高温消化时；

e. 消化污泥容易脱水，含有有机肥效成分，适用于改良土壤。

但当处理厂规模较小、污泥数量少、综合利用价值不大时，也可采用污泥好氧消化。它的主要优点是运行操作比较方便和稳定，处理过程需排出的污泥量少。但运行费用大、能耗多。在具体工程实践中，污泥处理采用厌氧消化还是好氧消化，应视具体情况而定，如污泥的数量、有无利用价值、运转管理水平的要求、运行管理与能耗、处理场地大小等。

有机污泥经消化后，不仅有机污染物得到进一步的降解、稳定和利用，而且污泥数量减少（在厌氧消化中，按体积计约减少1/2)，污泥的生物稳定性和脱水性能大为改善，有利于污泥再作进一步的处置。

污泥消化制沼气的基本原理：利用无氧环境下生长于污水、污泥中的厌氧菌菌群的作用，使有机物分解成其他稳定物质，达到杀菌、无害化的目的。而沼气就是这些有机物在厌氧条件下经过厌氧菌的分解作用而产生的以甲烷为主要成分的可燃性气体。污泥消化过程分为以下两个阶段。

第一阶段为酸性消化阶段。高分子有机物首先在胞外酶的作用下水解、液化。这一过程把多糖水解成单糖，蛋白质水解成肽和氨基酸，脂肪水解成丙三醇、脂肪酸。然后渗入细胞体内，在胞内酶的作用下转化为乙酸等挥发性有机物和硫化物，其过程中常有大量的氢和少量的甲烷游离出来。

第二阶段为碱性消化阶段。专性厌氧菌将消化过程第一阶段中由兼性厌氧菌产生的中间产物和代谢产物分解成二氧化碳、甲烷和氨。

2. 污泥燃料化技术

随着污泥量的不断增加及污泥成分的变化，现有的污泥处理技术逐渐不能满足要求，例如燃烧含水率 80%的污泥，每吨污泥（干基）的辅助燃料需消耗 304～565L 重油，能耗大；污泥填埋必须预先脱水到含水率小于 70%，而达到这样的含水率需要消耗大量的药剂，既增加了成本，也增加了污泥量；土地还原是目前污泥消纳量最大的处理方法，但很多工业废水中含有重金属和有毒有害的有机物，不能作肥料或土壤改良剂。因此寻找一种适合处理所有污泥，又能利用污泥中有效成分，实现减量化、无害化、稳定化和资源化的污泥处理技术，是当前污泥处理技术研究开发的方向。污泥燃料化被认为是有望取代现有的污泥处理技术最有前途的方法之一。

污泥燃料化技术目前有两种，一种是污泥能量回收系统（Hyperion Energy Recovery System，简称 HERS 法），第二种是污泥燃料化法（Sludge Fuel，简称 SF 法）。

HERS 法工艺是将剩余活性污泥和初沉池污泥分别进行厌氧消化，产生的消化气脱硫后用作发电的燃料。混合消化污泥、离心脱水至含水率 80%，加入轻溶剂油，使其变成流动性浆液，送入四效蒸发器蒸发，然后经过脱轻油，变成含水率 2.6%、含油率 0.15%的污泥燃料。轻油再返回到前端做脱水污泥的流动媒介，污泥燃料燃烧产生的蒸汽一部分用来蒸发干燥污泥，多余蒸汽用来发电。

HERS 法所用的物料是经过机械脱水的消化污泥。污泥干燥采用的多效蒸发法一般是用蒸发干燥法，不能获得能量收益，而采用 SF 法可以有能量收益；污泥能量回收有两种方式，即厌氧产生消化气和污泥燃烧产生热能，然后以电力形式回收利用。

SF 法工艺流程是将未消化的混合污泥经过机械脱水后，加入重油，调制成流动浆液送入四效蒸发器蒸发，然后经过脱油，变成含水率约 5%、含油率 10%以下、热值为 23027kJ 的污泥燃料。重油返回作污泥流动介质重复利用，污泥燃料燃烧产生蒸汽，作为污泥干燥的热源和发电，回收能量。

HERS 法与 SF 法不同，一是前者污泥先经过消化，消化气与蒸汽发电相结合回收能量，后者不经过污泥热值降低的消化过程，直接将生成污泥蒸发干燥制成燃料；二是 HERS 法使用的污泥流动媒介是轻质溶剂油，黏度低，与含水率 80%左右的污泥很难均匀混合，蒸发效率低，而 SF 法采用的是重油，与脱水污泥混合均匀；三是 HERS 法轻溶剂油回收率接近 100%，而 SF 法重油回收率较低，流动介质要不断补充。

3. 污泥热解与制油技术

污泥热解与制油技术主要由污泥的热分解技术与污泥的油化处理技术两个部分组成。

热分解技术是 1970 年美国的公司开发研究出的城市废弃物处理技术，使得垃圾处理向着“无害、安全、减容、资源化”方向又迈出了可喜的一步。随后，各国环境保护工作者竞相开展该项研究工作，有的已达到实用化阶段。热分解技术不同于焚烧，它是在氧分压较低的状况下，对可燃性固形物进行高温分解，生成油分、炭类等，以此达到回收污泥中的潜能。也就是通过热分解技术，废弃物中含碳固形物被分解成高分子有机液体（如焦油、芳香烃类）、低分子有机体、有机酸、炭渣等，其热量就以上述形式贮留下来。热分解处理工艺技术核心部分是热分解气化炉，废弃物在此得以干燥和热分解，产生可燃性气体（热分解生成气）、各种液态产品及固态物如焦渣等。

制油技术可以分为两种方法，即低温热解法和直接热化学液化法。

① 低温热解法：是目前正在发展的一种新的热能利用技术，即在300～500℃、常压（或高压）和缺氧条件下，借助污泥中所含的硅酸铝和重金属（尤其是铜）的催化作用将污泥中的脂类和蛋白质转变成碳氢化合物，最终产物为燃料油、气和炭。热解前的污泥干燥可利用这些低级燃料（燃料气、炭）的燃烧来提供能量，实现能源循环。热解生成的油可以用来发电。

② 直接热化学液化法：美国、日本和英国在该技术方面研究相对较多，该法是将经过机械脱水的污泥（含水率为70%～80%），在含有 N_2、温度为250～340℃的环境下加压热水，并以碳酸钠为催化剂，污泥中有近50%的有机物能通过加水分解、缩合、脱氢、环化等一系列反应转化为低分子油状物，得到的重油产物用萃取剂进行分离收集。反应过程可得到热值约为33MJ/kg的液体燃料，收率可达50%左右（以干燥有机物为基准），同时产生大量非可凝性气体和固体残渣。

4. 污泥制氢技术

氢能是最理想的清洁能源，具有资源丰富、燃烧热值高、清洁无污染、适用范围广等特点。从未来能源的角度来看，氢是高能值、零排放的洁净燃料，特别是以氢为燃料的燃料电池，具有高效性和环境友好性。利用污泥来制取氢，不仅可以解决污泥的环境污染问题，还可以产生氢气，缓解能源危机。污泥制氢技术主要有污泥生物制氢、污泥高温气化制氢以及污泥超临界水气化制氢。

(1) 污泥生物制氢　是利用微生物在常温常压下进行酶催化反应可制得氢气的原理进行的。根据微生物生长所需能源的来源，污泥生物制氢有三种方法：光合生物产氢、发酵细菌产氢、光合生物与发酵细菌的混合培养产氢。

光合生物产氢是指在一定的光照条件下，光合生物（一般包括细菌和藻类）分解底物产生氢气。目前，研究较多的产氢光合生物主要有颤藻属、深红红螺菌、球形红假单胞菌、球形红微菌等。利用光合细菌和藻类协同作用来发酵产氢，可以简化对生物质的热处理，降低成本，增加氢气产量。另一种能够进行光合产氢的微生物是蓝藻，它与高等植物一样具有光合系统，但其细胞特征是原核型，属于原核植物，含有氢酶，能够催化生物光解水产氢。

发酵细菌产氢与光合细菌一样，发酵细菌也能够利用多种底物在固氮酶或氢酶的作用下将底物分解制取氢气。这些底物包括甲酸、乳酸、丙酮酸、各种短链脂肪酸、葡萄糖、淀粉、纤维素二糖及硫化物等。

(2) 污泥高温气化制氢　一般是指将污泥通过热化学方式转化为高品位的气体燃气或合成气，然后再分离出氢气。气化时需要加入活性气化剂和水蒸气，活性气化剂一般为空气、富氧空气或氧气。

(3) 污泥超临界水气化制氢　是在水的温度和压力均高于其临界温度（374.3℃）和临

界压强（22.05MPa）时，以超临界水作为反应介质与溶解于其中的有机物发生强烈的化学反应生成氢气。

对于在超临界条件下有机废物分解反应中的气化反应，主要考虑与C、H、O有关的蒸气重整反应（吸热反应）、甲烷生成反应（放热反应）、氢生成反应及水煤气转化反应。主要反应式如下：

$$C+H_2O \longrightarrow CO+H_2(\Delta H=131.3kJ/mol)$$

$$CO+H_2O \longrightarrow CO_2+H_2(\Delta H=-41.2kJ/mol)$$

在高温、高压条件下发生反应，向反应体系中添加 $Ca(OH)_2$ 可吸收并回收副产物 CO_2，从而促进氢生成反应的发生。一般在650℃、25MPa以上的高温、高压下，几乎100%的碳被气化，氢回收率很高。

（三）污泥的建材利用

污泥中除了有机物外往往还含有20%～30%的无机物，主要是硅、铁、铝和钙等。因此即使污泥焚烧去除了有机物，无机物仍以焚烧灰的形式存在，需要做填埋处置。有机物和无机物污泥的建材利用是一种经济有效的资源化方法。

污泥建材化利用具有废弃物利用和保护环境的优势。从20世纪80年代开始，国内外对污泥制建筑材料进行了可行性研究，并出现了一些成功的研究成果与工程应用。例如，日本对大约46%的污泥进行建材化利用，世界上第一个大规模的生产污泥砖的工厂于1991年在日本东京成立，日产5500块污泥砖，消耗15t污泥灰，重金属浸出毒性检测合格；自20世纪80年代中期，日本开始研究污泥制砖技术，现已通过烧结工艺规模化生产污泥黏土混合砖、污泥焚烧灰制地砖和混合土的填料等；新加坡理工学院利用污泥、石灰石和黏土进行黏结材料生产，经煅烧、磨碎等生产工艺，生产出优于美国材料与试验学会规定的建筑水泥；我国上海水泥厂利用水泥窑，采用污泥均化、储存、磨碎、煅烧等技术生产路线生产出符合国家规定的水泥熟料，且排放废气达到国家环保监测标准；我国湖南岳阳化工厂总厂污水处理厂通过干污泥粉碎后，渗入黏土和水混合搅拌均匀，制坯成形并进行烧结，污泥与黏土质量比为1∶10时，污泥砖强度可与普通红砖相媲美。

污泥的建材利用大致可归纳为制轻质陶粒、制熔融建材和熔融微晶玻璃、生产水泥等，相比之下，制砖已经很少被应用。过去大部分以污泥焚烧灰作原料生产各种建材，近年来，为了减少投资（建设焚烧炉），充分利用污泥自身的热值，节省能耗，直接利用污泥作原料生产各种建材的技术已开发成功。

污泥制轻质陶粒的方法按原料不同可分为两种。一是用生污泥或厌氧发酵污泥的焚烧灰造粒后烧结。这种方法于20世纪80年代已趋向成熟，并投入应用。利用焚烧灰制轻质陶粒需要单独建设焚烧炉，污泥中的有机成分没有得到有效利用。二是直接用脱水污泥制陶粒的新技术，近年来已经投入使用。

污泥熔融制得的熔融材料也可以做路基、路面、混凝土骨料及地下管道的衬垫材料。但是以往的技术均以污泥焚烧灰做原料，投资大，污泥自身的热值得不到充分利用，成本高，阻碍了进一步推广应用。近年来开发了直接用污泥制备熔融材料的技术，大大降低了投资和运行成本，提高了产品附加值。

除了以上提到的污泥作为砖块、陶瓷和水泥制造建材之外，在我国有人尝试用污泥来制纤维板；日本成功实现将下水道污泥焚烧灰制成玻璃，而用下水道污泥灰制沥青在日本将被大规模地应用。

总的来说，污泥建材利用在我国以及西方发达国家大多还处于研究及尝试的阶段，日本在这方面走在了前面，已经有许多工程实例。污泥建材利用的处置方法，无论从工艺角度还是环保角度考虑都是可行的；从经济效益来考虑，日本已经有成功运行的工厂，产生了良好的经济效益。故污泥的建材利用是一个起步不久、很有潜力的污泥处置及资源化的方法，不仅解决了污泥常用处理方式的费用高、难处理、极易造成二次污染的问题，还使得处理处置融入“循环经济”的体系，符合循环经济的 3R 原则之一——废弃物的再循环（recycle）原则；可最大限度地减少废弃物排放，力争做到排放的无害化，实现资源再循环。

我国是世界水泥第一生产大国，对照国外经验，利用生产水泥消纳废物的潜力很大。水泥生产中利用的废物主要是高炉水渣、粉煤灰、副产品石膏、炉渣烟尘、旧橡胶轮胎等。日本利用城市垃圾（污泥）焚烧灰和下水道污泥为原料生产水泥获得成功，用这种原料生产的水泥叫生态水泥，2001 年已建成第一座生态水泥厂，年生产能力为 11×10^4t。一般认为污泥作为生产水泥原料时，其含量不得超过 5%，按此估算，日本东京污水处理厂的污泥可年产 200×10^4t 生态水泥。由此可知，污泥生产水泥既是污泥资源化利用的重要途径，也是行之有效的方法，已引起国内外的高度重视。

（四）污泥材料化技术

污泥生产活性炭作为一项高值化资源化处置技术，不仅为活性炭生产提供低廉的原料，同时可以减轻污泥污染问题，实现污泥无害化、减量化与资源化处置利用，必将得到越来越多的关注。污泥中含有大量的有机物，它具有被加工成类似活性炭吸收剂的客观条件。由于污泥活性炭制得的吸附剂对废水中的 COD 及某些重金属离子具有很高的去除率，因而是一种优良的有机废水处理剂。用过的吸附剂若不能再生，可用作燃料，在控制尾气条件下燃烧，原污泥中的有害因子同时被彻底氧化分解。

1. 制备原理

活性炭是以含碳物质为原料，经高温碳化活化制成。目前活性炭的制造方法大体上可分为药品活化法和气体活化法。在实际生产中可根据污泥的组成，适当添加锯末、果壳等辅料，提高碳含量，采用在污泥中添加无机盐等活性剂浸渍活化处理，在一定温度下碳化，再经活化即可获得活性炭。因其制备过程中碳化温度、活化温度、活化时间、污泥和活化剂的配比、活化剂浓度等因素不同，可得到不同孔径范围比例的活性炭。

2. 活性污泥做黏结剂

我国现有城市污水处理厂加上大型企业和石化厂的污水处理装置，全国每年产生的污泥量十分可观。而与此同时我国有数千家小型合成氨厂，其中绝大多数采用黏结性较强的白泥或石灰做气化型煤黏结剂。通常将这类黏结剂制成的型煤称为白泥型煤或石灰炭化型煤。石灰炭化型煤气化反应性好，但成型工艺复杂，石灰添加量较多、成本也高，影响工厂经济效益。白泥型煤生产工艺较简单，制成的型煤强度高，但型煤气化反应性差，灰渣残炭高，蒸汽耗量大，是困扰生产厂家的一大难题。为此寻找一种黏结性高、成本低、型煤气化反应好的黏结剂一直是化肥厂的一个重要课题。污泥本身含有有机物，如蛋白质、脂肪和多糖，具有一定的热值，又有一定的黏结性能。活性污泥做黏结剂将无烟粉煤加工成型煤，而污泥在高温气化炉内被处理，防止了污染；污泥作为型煤黏结剂，替代白泥可改善在高温下型煤的内部孔结构，提高了型煤的气化反应性，降低了灰渣中的残炭，提高炭转化率。污泥既可以作为一种黏结剂，同时也是一种疏松剂，污泥的热值也得到了利用，且污泥处理量大。

3. 剩余污泥制可降解塑料

1974年有人从活性污泥中提取到一类可完成生物降解、具有良好加工性能和广阔应用前景的新型热塑材料聚羟基烷酸酯（PHA），为利用活性污泥生产PHA奠定了基础。研究表明，活性污泥经过相关的培养后，可大幅度增加其中含有的可降解塑料。因此，利用剩余污泥制备可降解塑料可有效地解决化学合成塑料所造成的“白色污染”，既让废物得到了利用，又避免了对环境的二次污染，对环境保护及可持续发展作出了一定的贡献，创造了良好的环境效益和经济效益。

PHA是许多原核生物在不平衡生长条件下合成的胞内能量和碳源贮存性物质，是一类可完全生物降解、具有良好加工性能和广阔应用前景的新型热塑材料。在化学合成塑料所造成的“白色污染”日益严重的今天，PHA作为合成塑料的理想替代品，已成为微生物工程学研究的热点。目前利用发酵生产是获得PHA的主要途径，但由于生产成本过高制约了其大规模的商业化应用。因此，降低PHA的生产成本是大规模商业化应用PHA所需解决的首要问题。

目前各种污泥资源化技术还存在或多或少的问题。在污泥农用过程中，要考虑到污泥中金属和有机毒物的污染，以及病原体扩散的危险；污泥施用时氮、磷等浓度过高可能会污染周围水体；污泥中过高的盐分可抑制植物对养分的吸收，甚至伤害植物根系。在污泥作为建筑材料综合利用时，要重视产品的质量系数，保障其安全系数，确保符合国家标准。另外，其他资源化技术如制吸附材料、制可生物降解塑料等技术，其技术原理及现场应用有待进一步研究和完善。

能力训练题

一、名词解释

固废资源化、资源化系统、好氧堆肥、厌氧发酵

二、简答题

1. 固废资源化的特点和原则是什么？
2. 固废资源化的基本途径有哪些？
3. 简述堆肥的基本原理。
4. 厌氧发酵工艺的原理和控制条件是什么？

第五章 清洁生产与可持续发展

学习内容

清洁生产的内涵、企业清洁生产审核、可持续发展战略。

学习目标

了解清洁生产的概念和内涵、推行清洁生产的目的、国内国际清洁生产的发展现状和发展趋势；掌握企业清洁生产的筹划与组织、预评估、评估、方案产生和选择、可行性分析、方案实施、连续清洁生产的运行；掌握可持续发展的概念和内涵、能源可持续发展战略、企业可持续发展战略。

素质目标

理解可持续发展的理念、企业清洁生产的必要性和可行性，深刻认识到可持续发展战略和企业可持续发展战略的重要性。

第一节 清洁生产概述

一、清洁生产的概念和内涵

清洁生产是指将综合预防的环境保护策略持续应用于生产过程和产品中，以期降低其对人类健康和环境安全的风险。清洁生产从本质上来说，就是对生产过程与产品采取整体预防的环境策略，减少或者消除它们对人类及环境的可能危害，同时充分满足人类需要，使社会经济效益最大化的一种生产模式。

清洁生产是一种创新思想，该思想是将整体预防的环境战略连续运用于生产过程、产品和服务中，以提高生产效率，并减少对人类及环境的风险。

对生产过程而言，要求节约原材料和能源，去除有毒原材料，减少所有废弃物的数量和毒性。

对产品而言，要求减少从原材料获取到产品最终处置的全生命周期的不利影响。

对服务而言，要求将环境因素纳入设计和所提供的服务之中。

二、推行清洁生产的目的

清洁生产是人类工业生产迅速发展的必然产物，是一项迅速发展中的新生事物。清洁生产的出现是人类应对工业化大生产所制造出的有损于自然生态及人类自身的污染所作出的反应和行动。

20 世纪 60 年代和 70 年代初，发达国家经济快速发展，忽视对工业污染的防治，致使环境污染问题日益严重。公害事件不断发生，如日本的水俣病事件，对人体健康造成极大危害，生态环境受到严重破坏，社会反应非常强烈。环境问题逐渐引起各国政府的极大关注，并采取了相应的环保措施和对策，如增大环保投资、建设污染控制和处理设施、制定污染物排放标准、实行环境立法等，以控制和改善环境污染问题，取得了一定的成绩。

但是通过十多年的实践发现，这种仅着眼于控制排污口（末端），使排放的污染物通过治理达标排放的办法，虽在一定时期内或在局部地区起到一定的作用，但并未从根本上解决工业污染问题。其原因有以下几个方面。

第一，随着生产的发展和产品品种的不断增加，以及人们环境意识的增强，对工业生产所排污染物的检测种类越来越多，污染物（特别是有毒有害污染物）的排放标准也越来越严格，从而对污染治理与控制的要求也越来越高。为达到排放的要求，企业要花费大量的资金，大大提高了治理费用，即便如此，一些要求还是难以达到。

第二，由于污染治理技术有限，治理污染实质上很难达到彻底消除污染的目的。因为一般末端治理污染的办法是先通过必要的预处理，再进行生化处理后排放。而有些污染物是不能生物降解的污染物，只是稀释排放，不仅污染环境，甚至有的治理不当还会造成二次污染；有的治理只是将污染物转移，废气变废水，废水变废渣，废渣堆放填埋，污染土壤和地下水，形成恶性循环，破坏生态环境。

第三，只着眼于末端处理的办法，不仅需要投资，而且使一些可以回收的资源（包含未反应的原料）得不到有效的回收利用而流失，致使企业原材料消耗增高，产品成本增加，经济效益下降，从而影响企业治理污染的积极性和主动性。

第四，实践证明，预防优于治理。根据日本环境厅 1991 年的报告，从经济上计算，在污染前采取防治对策比在污染后采取措施治理更为节省。例如，就整个日本的硫氧化物造成的大气污染而言，排放后不采取对策所产生的危害造成的经济损失是预防这种危害所需费用的 10 倍。以水俣病为例，其推算结果则为 100 倍。可见二者差距之大。

据美国环境保护署统计，美国用于空气、水和土壤等环境介质的污染控制总费用（包括投资和运行费），1972 年为 260 亿美元（占 GNP[1] 的 1%），1987 年猛增至 850 亿美元，20 世纪 80 年代末达到 1200 亿美元（占 GNP 的 2.8%）。如杜邦公司每磅[2]废物的处理费用以每年 20%～30%的速率增加，焚烧一桶危险废物可能要花费 300～1500 美元。但如此之高的经济代价仍未能达到预期的污染控制目标，末端处理在经济上已不堪重负。

因此，世界各国通过治理污染的实践，逐步认识到防治工业污染不能只依靠治理排污口（末端）的污染，要从根本上解决工业污染问题，必须坚持“预防为主”，将污染物消除在生

---

❶ GNP：国民生产总值。

❷ 1 磅＝0.4536kg。

产过程之中，实行工业生产全过程控制。20世纪70年代末期以来，不少发达国家的政府和各大企业集团（公司）纷纷研究开发和采用清洁工艺，开辟污染预防的新途径，把推行清洁生产作为经济和环境协调发展的一项战略措施。

三、国外清洁生产发展动态

① 20世纪60年代，美国化工行业开展污染预防审计；

② 1976年，欧洲共同体举行“无废工艺与无废生产国际研讨会”，提出“消除造成污染的根源”的思想；

③ 1979年，欧洲共同体理事会宣布推行清洁生产政策；

④ 1984—1987年期间，欧洲共同体环境事务理事会拨款支持建立清洁生产示范项目；

⑤ 1989年，联合国环境规划署工业与环境规划中心（UNEPIE/PAC）制定《清洁生产计划》；

⑥ 1990年以来，联合国环境规划署先后举办了多次国际清洁生产研讨会；

⑦ 1992年，联合国环境与发展大会通过《21世纪议程》；

⑧ 1996年，联合国环境规划署更新“清洁生产”的定义；

⑨ 1998年，第五次国际清洁生产高层研讨会出台《国际清洁生产宣言》；

⑩ 2015年12月，第21届联合国气候变化大会确立《巴黎气候变化协定》，呼吁使用清洁技术和能源，减少温室气体等污染物的排放；

⑪ 2024年5月，国际能源署发布《推进清洁技术制造》。

四、清洁生产在中国的发展

① 20世纪80年代提出“三同时”制度、工业污染防治中的一些预防思路；

② 1992年发布《中国清洁生产行动计划（草案）》；

③ 1993年召开的第二次全国工业污染防治工作会议确定了清洁生产在我国工业污染防治中的地位；

④ 1994年，国务院通过《中国21世纪议程》，清洁生产成为中国可持续发展战略的重要组成部分；

⑤ 1996年，《国务院关于环境保护若干问题的决定》中明确规定采用清洁生产工艺；

⑥ 1997年印发《国家环境保护局关于推行清洁生产的若干意见》；

⑦ 1999年发布《关于实施清洁生产示范试点计划的通知》；

⑧ 2002年发布《中华人民共和国清洁生产促进法》；

⑨ 2004年发布《清洁生产审核暂行办法》；

⑩ 2012年2月，全国人民代表大会常务委员会修改《中华人民共和国清洁生产促进法》；

⑪ 2021年10月，国家发展改革委等部门印发《“十四五”全国清洁生产推行方案》。

第二节 企业清洁生产审核

对企业现在进行的和计划进行的工业生产过程实行预防污染的分析和评估程序，是组织实行清洁生产的重要前提。实施清洁生产的目的是在实施预防污染分析和评估的过程中，制订并实施减少能源、水和原材料的使用，消除或减少工业生产过程中有毒物质的使用，减少各种废弃物排放及毒性的方案。清洁生产审核方法见图 5-1。

清洁生产审核的重要内容见图 5-2。

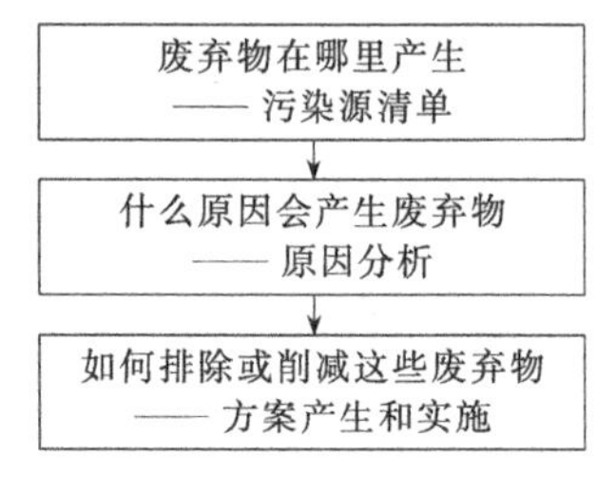

图 5-1　清洁生产审核方法

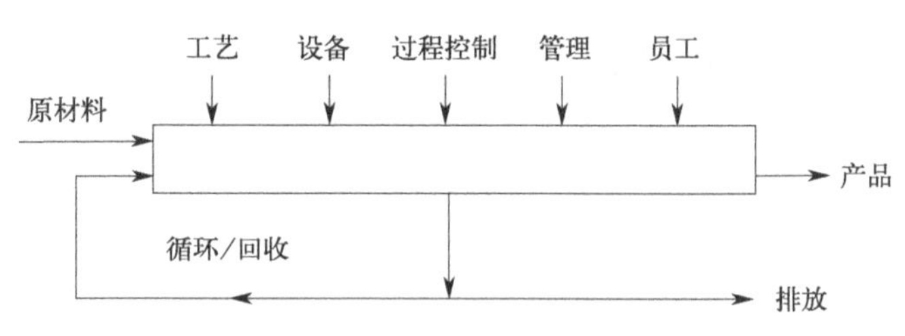

图 5-2　清洁生产审核的重要内容

清洁生产审核程序包括：筹划和组织、预评估、评估、方案产生和选择、可行性分析、方案实施、连续清洁生产。

一、筹划和组织

通过宣传教育使企业的领导和职工对清洁生产有一个初步的、比较正确的认识，消除思想上和观念上的障碍，了解企业清洁生产审核的工作内容、要求及工作程序。工作步骤见图 5-3。

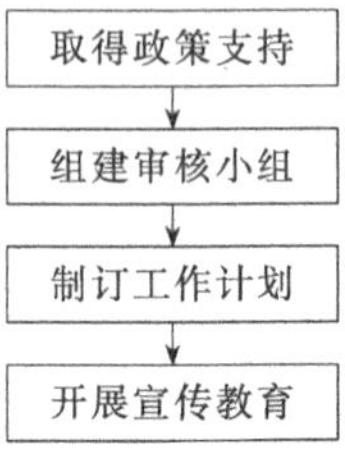

取得政策支持 → 组建审核小组 → 制订工作计划 → 开展宣传教育

图 5-3　清洁生产筹划和组织工作步骤

1. 取得政策支持

（1）宣讲利益　总的说来，实施清洁生产将对企业产生良好的成效，但要非常注重宣讲，主要宣讲以下几个方面：

a. 提高企业环境治理水平；

b. 提高原材料、水、能源的使用效率，降低成本；

c. 减少污染物的产生量和排放量，保护环境，减少污染处理费用；

d. 促进企业技术进步；

e. 提高职工素养；

f. 改善操作环境，提高生产效率；

g. 树立企业形象。

（2）阐明投入和风险

a. 需要治理人员、技术人员和操作工人必要的时间投入；

b. 需要一定的监测设备和监测费用投入；

c. 需要承担聘请外部专家费用；

d. 需要承担编制审核报告费用；

e. 需要承担实施中、高费清洁生产方案可能产生不利影响的风险，包括技术风险和市场风险。

2. 组建审核小组

（1）推选组长　组长应具备的条件如下。

a. 具备生产、工艺、管理与新技术的知识；

b. 把握污染防治的原则和技术，并熟悉有关环保法规；

c. 了解审核工作程序，熟悉审核小组成员情况，具备领导和组织工作的才能并善于和其他部门合作。

（2）选择成员　小组成员应具备的条件如下。

a. 具备企业清洁生产审核的知识或工作能力；

b. 把握企业的生产、工艺、管理等方面的情况与新技术信息；

c. 熟悉废弃物产生原因、治理情况以及国家和地区环保法规和政策等；

d. 具有宣传、组织工作的能力。

（3）明确任务　审核小组的任务如下。

a. 制订工作计划；

b. 开展宣传教育；

c. 确定审核重点和目标；

d. 组织和实施审核工作；

e. 编写审核报告；

f. 总结体会，并提出连续清洁生产建议。

3. 制订工作计划

编制审核工作计划表，内容包括：

a. 工作内容；

b. 时间进度；

c. 责任部门和人员；

d. 考核部门和人员。

4. 开展宣传教育

① 确定宣传的方式和内容；

② 克服障碍，主要有思想观念障碍、技术障碍、经济障碍、政策法规障碍。

表 5-1 主要阐述了某公司所遇到的障碍及解决方法。

表 5-1　某公司所遇到的障碍及解决方法

障碍	问题	解决办法
思想观念障碍	对清洁生产的认识存在一定的误区，认为清洁生产跟末端治理一样，只投入不产出，是公司的负担；认为公司搞清洁生产，是为了完成上级主管部门强制要求实施清洁生产的任务	通过提供具体实例，让公司领导和员工了解清洁生产的目的是实现公司环保效益和经济效益及社会效益多赢。实施清洁生产能够为公司带来实实在在的利益
技术障碍	认为清洁生产方案中有的技术实现困难，公司的人才现状不适合搞清洁生产	聘请专业公司对公司生产工艺、陈旧的设备进行改造
经济障碍	在公司审核过程中，无低费方案实施较容易，而中高费方案实施缺乏资金保证，从而影响了公司清洁生产审核的整体成效	利用公司预算，申请集团公司拨款
其他障碍	清洁生产审核工作太复杂，工作量太大	由咨询老师全程指导，随着审核工作的逐步开展，对清洁生产审核的认识水平会不断提高

二、预评估

通过对企业全貌进行调查分析，分析和发掘清洁生产的潜力和机会，从而确定本轮审核的重点。

工作步骤见图 5-4。

1. 进行现场调研

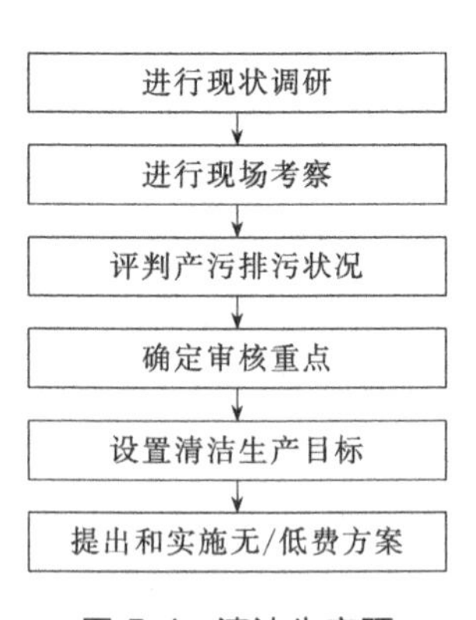

图 5-4 清洁生产预评估工作步骤

（1）企业概况 包括企业发展简史、规模、产值、利税、组织结构、人员状况和发展规划等，以及企业所在地的地理、地质、水文、气象、地势和生态环境等基本情况。

（2）企业的生产情况 包括：企业主要原辅料、产品、能源及用水情况；企业的主要工艺流程；企业设备水平及保护情况。

（3）企业的环境保护情况 包括：主要污染源及其排放情况；主要污染源的治理现状；三废的循环/综合利用情况；企业涉及的有关环保法规与要求。

（4）企业的管理情况 包括从原料采购和库存、生产及操作直到产品出厂的全面管理水平。

2. 进行现场考察

（1）现场考察内容 包括对整个生产过程进行实际考察，重点考察各产污排污环节、水耗和（或）能耗大的环节、设备事故多发的环节或部位，以及实际生产管理情况。

（2）现场考察方法

① 对比资料和现场情况；

② 查阅现场记录、生产报表等；

③ 与工人和工程技术人员座谈。

3. 评判产污排污情况

① 对比国内外同类企业产污排污情况；

② 初步分析产污原因；

③ 评判企业环保执法情况；

④ 作出评判结论。

4. 确定审核重点

（1）确定备选审核重点 包括：污染严重的环节或部位；消耗大的环节或部位；环境及公众压力大的环节或问题；有明显的清洁生产机会的环节。

（2）确定审核重点 方法有简单比较法、权重总和计分排序法。

5. 设置清洁生产目标

（1）原则

① 针对审核重点；

② 定量化、可操作；

③ 要有绝对量和相对量；

④ 要有时限性。

（2）依据

① 依照外部的环境管理要求，如达标排放、限期治理等；

② 依照本企业历史最高水平；

③ 参照国内外同行业类似规模、工艺或技术装备的厂家的先进水平。

6. 提出和实施无/低费方案

（1）目的 贯彻清洁生产边审核边实施的原则，即时取得成效，滚动式地推进审核工作。

（2）方法　包括座谈、咨询、现场查看、发放清洁生产建议表。

（3）常见的无/低费方案　内容包括原辅料及能源、技术工艺、过程控制、设备、产品、管理、废弃物、员工。

三、评估

评估的目的是通过审核重点的物料平衡，发现物料流失的环节，找出废弃物产生的原因，查找物料储运、生产运行、管理以及废弃物排放等方面存在的问题，查找与国内外先进水平的差距，为清洁生产提供依据。

工作步骤见图 5-5。

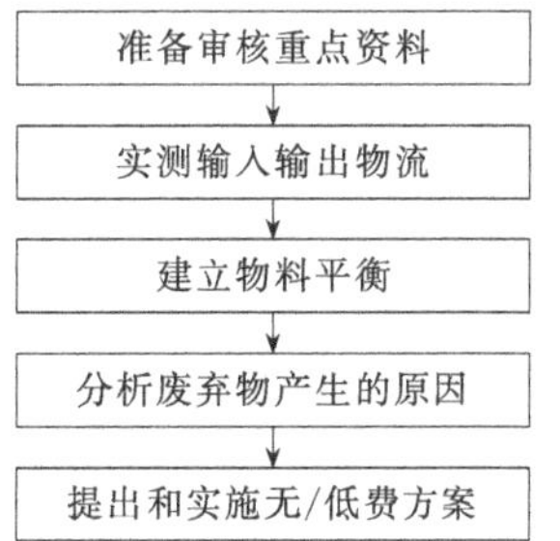

图 5-5　清洁生产评估工作步骤

1. 准备审核重点资料

（1）收集资料

① 工艺资料：工艺流程图；工艺设计的物料、热量平衡数据；工艺操作手册和说明；设备技术规范和运行维护记录；管道系统布置图；车间内平面布置图。

② 原材料和产品及生产管理资料：产品的组成及月、年度产量表；物料消耗统计表；产品和原材料库存记录；原料进厂检验记录；能源费用；车间成本费用报告；生产进度表。

③ 废弃物资料：年度废弃物排放报告；废弃物（水、气、渣）分析报告；废弃物治理、处理和处置费用；排污费；废弃物处理设施运行和维护费。

④ 国内外同行业资料。

（2）编制审核重点的工艺流程图（示意图）　如图 5-6 所示。

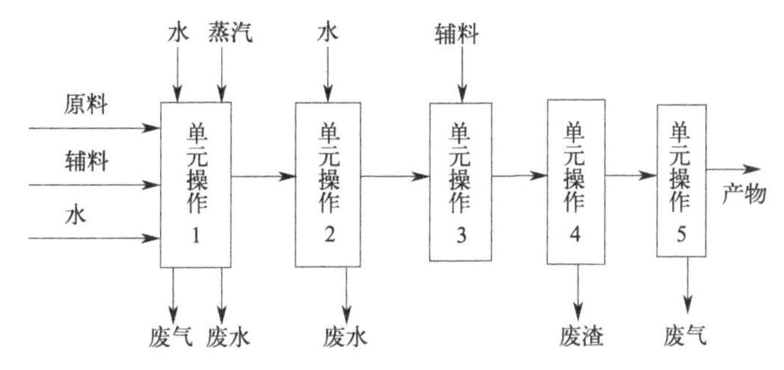

图 5-6　清洁生产编制审核重点的工艺流程图

（3）编制单元操作工艺流程图和功能说明图　如图 5-7 所示。

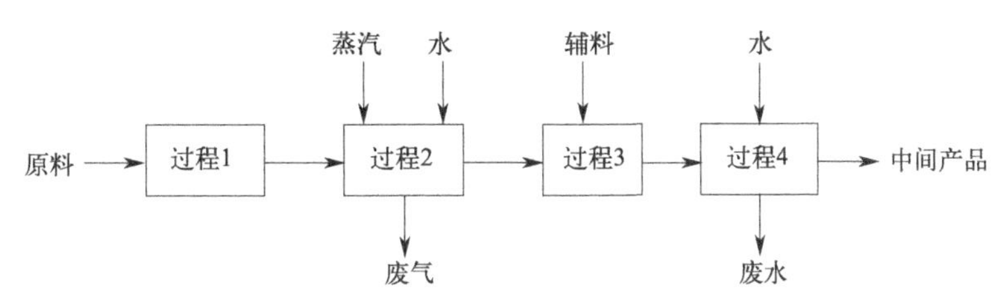

图 5-7　清洁生产工艺流程图和功能说明图

（4）编制工艺设备流程图　在流程图中应准确反映生产实际情况。

2. 实测输入输出物流

（1）准备及要求

① 准备工作：制订现场实测计划；校验检测仪器和计量器具。

② 要求：明确监测项目、监测点、实测时间和周期、实测的条件、现场记录、数据单位。

（2）实测

① 实测输入物流（原料、辅料、水、气、中间产品、循环利用物等）：数量、组分（应有利于废物流分析）、实测时的工艺条件。

② 实测输出物流（产品、中间产品、副产品、循环利用物以及废弃物等）：数量、组分（应有利于废物流分析）、实测时的工艺条件。

（3）汇总数据　汇总各单元操作数据和审核重点数据。

3. 建立物料平衡

原理：输入＝输出。

（1）进行预平衡测算　考察输入、输出物流的总量和主要组分的量；偏差应在5％以下，但对贵重原料、有毒成分应偏差更小或应满足行业要求。

（2）编制物料平衡图　应准确反映实际情况。

（3）阐述物料平衡结果　包括物料平衡的偏差，实际原料利用率，物料流失部位（无组织排放）及其他废弃物产生环节和产生部位，废弃物（包括流失的物料）的种类、数量和所占比例以及对生产和环境的影响部位。

4. 分析废弃物产生的原因

（1）原辅料和能源

① 原辅料不纯或（和）未净化；

② 原辅料贮存、发放、运输时的流失；

③ 原辅料的投入量或（和）配比不合理；

④ 原辅料及能源超定额消耗；

⑤ 有毒、有害原辅料的使用；

⑥ 未利用清洁能源和二次资源。

（2）技术工艺

① 技术工艺落后，原料转化率低；

② 设备布置不合理，无效传输线路过长；

③ 反应及转化步骤过长；

④ 连续生产能力差；

⑤ 工艺条件要求过严；

⑥ 生产稳定性差；

⑦ 使用的物料对环境有害。

（3）设备

① 设备破旧、漏损；

② 设备自动化控制水平低；

③ 有关设备之间配置不合理；

④ 主体设备和公用设施不匹配；

⑤ 设备缺乏有效维护和保养；

⑥ 设备的功能不能满足工艺要求。

(4) 过程控制

① 计量检测分析仪表不齐全或检测精度达不到要求；

② 某些工艺参数（如温度、压力、流量、浓度等）未能得到有效控制；

③ 过程控制水平不能满足技术工艺要求。

(5) 产品

① 产品储存和搬运中的破旧、漏失；

② 产品的转化率低于国内外先进水平；

③ 产品的规格和包装不利于环境保护。

(6) 废弃物

① 对可利用废弃物没有进行再利用和循环利用；

② 废弃物的物理化学性状不利于后续的处理和处置；

③ 单位产品废弃物产生量高于国内外先进水平。

(7) 管理

① 清洁生产管理的条例、岗位操作规程等未能得到有效执行；

② 现行管理制度不能满足清洁生产的需要；

③ 岗位操作规程不够严格；

④ 生产记录（包括原料、产品和废弃物数量记录）不完整；

⑤ 信息交换不畅；

⑥ 缺乏有效的奖罚方法。

(8) 员工

① 员工素养不能满足生产需要；

② 缺乏优秀管理人员；

③ 缺乏专业技术人员；

④ 缺乏熟练操作人员；

⑤ 员工的技能不能满足本岗位要求；

⑥ 缺乏对员工主动参与清洁生产的奖励措施。

四、方案产生和选择

方案产生和选择的目的是为下一阶段的可行性分析提供足够的中/高费清洁生产方案。

工作步骤见图 5-8。

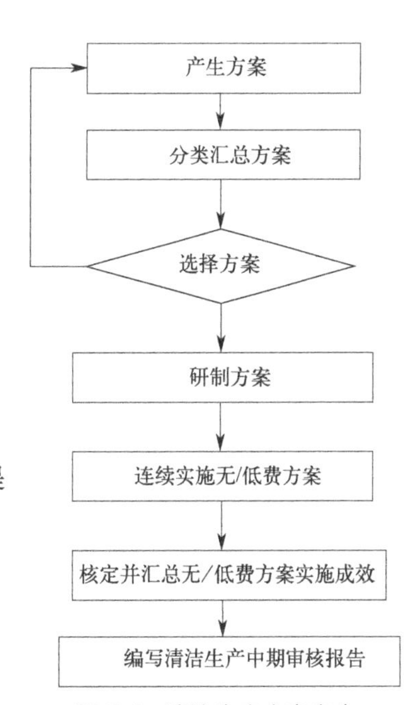

图 5-8 清洁生产方案产生和选择工作步骤图

1. 产生方案

主要包括以下几个方面。

① 广泛采集创新思路。

② 依据物料平衡并针对废弃物产生原因分析产生方案。

③ 广泛收集国内外同行业先进技术。

④ 组织行业专家进行技术咨询。

⑤ 全面系统地产生方案。包括原辅材料和能源替代、技术工艺改造、设备维护和更新、过程优化控制、产品更新或改进、废弃物回收利用和循环利用、加强管理、员工素养的提高以及积极性的奖励。

2. 分类汇总方案

从八个方面分类汇总全部方案，并进行实施后的成效预测。

3. 选择方案

（1）初步选择　确定初步选择因素、技术可行性、环境可行性、经济可行性、实施的难易程度、对生产和产品的影响。

（2）权重总和计分排序　见表 5-2。

表 5-2　方案的权重总和计分排序

权重因素	权重值(W)	方案得分								
		方案 1		方案 2		方案 3		…	方案 n	
		R	$R\times W$	R	$R\times W$	R	$R\times W$		R	$R\times W$
环境可行性										
经济可行性										
技术可行性										
可实施性										
总分($\sum R\times W$)										
排序										

（3）汇总选择结果　汇总可行的无/低费方案、初步可行的中/高费方案以及不可行方案。

4. 研制方案

（1）内容　包括方案的工艺流程详图、方案的主要设备清单、方案的费用和效益估算、方案说明（初步可行的中/高费方案）。

（2）原则　包括系统性、闭合性、无害性、合理性。

五、可行性分析

可行性分析的目的是对选择出来的中/高费清洁生产方案进行分析和评估，以选择最正确的、可实施的清洁生产方案。

工作步骤见图 5-9。

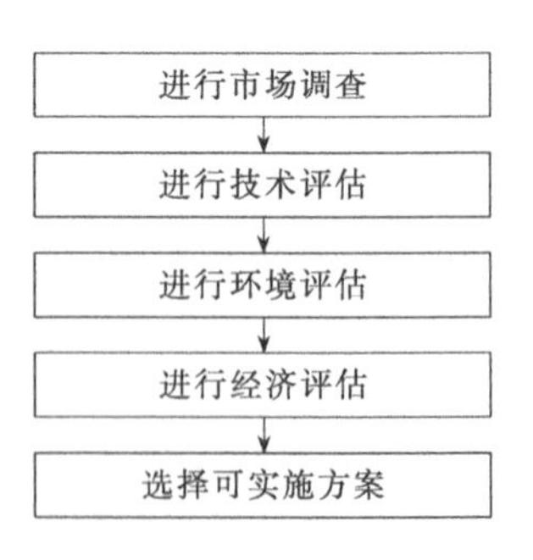

图 5-9　清洁生产可行性分析工作步骤图

1. 进行市场调查

（1）条件

① 拟对产品结构进行调整；

② 有新的产品（或副产品）产生；

③ 得到用于其他生产过程的原材料。

（2）内容

① 调查市场需求。包括：国内外同类产品的价格、市场总需求量；当前同类产品的总供产量；产品进入国际市场的能力；产品的销售对象（地区或部门）；市场对产品的改进意见。

② 预测市场需求。包括：国内市场发展趋势预测；国际市

场发展趋势分析；产品开发生产销售周期与市场发展的关系。

③ 确定方案的技术途径。包括：方案实施途径及要点；主要设备清单及配套设施要求；方案所达到的技术经济指标；可产生的环境、经济效益预测；方案的投资总费用。

2. 进行技术评估

主要评估内容如下：

① 方案设计中采用的工艺路线、技术设备在经济合理的条件下的先进性和适用性；

② 与国家有关技术政策和能源政策的相符性；

③ 技术引进或设备进口符合我国国情，引进技术后要有消化吸收能力；

④ 资源的利用率和技术途径合理；

⑤ 技术设备操作上安全可靠；

⑥ 技术成熟（例如国内有实施的先例）。

3. 进行环境评估

主要评估内容如下：

① 资源的消耗与资源可持续利用要求的关系；

② 生产中废弃物排放量的变化；

③ 污染物组分的毒性及其降解情况；

④ 污染物的二次污染；

⑤ 操作环境对人员健康的影响；

⑥ 废弃物的复用、循环利用和再生回收。

4. 进行经济评估

（1）清洁生产经济效益的统计方法

① 直接效益：包括生产成本的降低、销量的增加、其他收益。

② 间接效益：包括环境方面的收益、从废弃物回收利用的获益、其他收益。

（2）经济评估方法　如现金流量、动态获利性分析。

（3）经济评估指标及其计算

① 总投资费用（I）：

$$\text{总投资费用}（I）=\text{总投资}-\text{补贴}$$

② 年净现金流量（F）：净现金流入和现金流出之差额，年净现金流量是一年内现金流入和现金流出的代数和。

$$\begin{aligned}\text{年净现金流量}（F）&=\text{销售收入}-\text{经营成本}-\text{各类税}+\text{年折旧费}\\&=\text{年利润}+\text{年折旧费}\end{aligned}$$

③ 投资偿还期（N）：项目投产后，以项目获得的年净现金流量来回收项目建设总投资所需的年限。即

$$N=\frac{I}{F}$$

式中，I 为总投资费用；F 为年净现金流量。

④ 净现值（NPV）：指在项目经济寿命期内（或折旧年限内）将每年的净现金流量按规定的贴现率折算到计算期初的基年（一样为投资期初）现值之和。

$$\text{NPV}=\sum_{j=1}^{10}\frac{F}{(i+1)^{j}}-I$$

$$=\sum_{j=1}^{10}\frac{[P-(P-\mathrm{D})\times 25\%]}{(i+1)^{j}}-I$$

式中，F 为年现金流量；i 为贴现率；I 为总投资费用；P 为年运行费总节约金额；D 为年折旧费；25%为综合税率，j 为年份。

⑤ 净现值率（NPVR）：

$$\mathrm{NPVR}=\frac{\mathrm{NPV}}{I}\times 100\%$$

⑥ 内部收益率（IRR）：项目的内部收益率（IRR）是在整个经济寿命期内累计逐年现金流入的总额等于现金流出总额，即投资项目在计算期内，使净现值为零的贴现率。

$$\mathrm{NPV}=\sum_{j=1}^{n}\frac{F}{(1+\mathrm{IRR})^{j}}-I=0$$

计算 IRR 的公式如下：

$$\mathrm{IRR}=i_1+\frac{\mathrm{NPV}_1\times(i_2-i_1)}{\mathrm{NPV}_1+|\mathrm{NPV}_2|}$$

式中，i_1 为当净现值 NPV_1 为接近于零的正值时的贴现率；i_2 为当净现值 NPV_2 为接近于零的负值时的贴现率。

（4）经济评估原则　投资偿还期（年）应小于定额偿还期。

a. 中费项目：$N<2\sim3$ 年；较高费项目：$N<5$ 年；高费项目：$N<10$ 年。

b. 净现值为正值：$\mathrm{NPV}>0$。

c. 净现值为最大。

d. 内部收益率（IRR）应大于基准收益率或银行贷款利率：$\mathrm{IRR}>i_0$。

5. 推荐的可实施方案

比较各方案的技术、环境和经济评估结果，从而确定最正确可行的推荐方案。

六、方案实施

通过推荐方案（经分析可行的中/高费方案）实施，使企业实现技术进步，获得显著的经济和环境效益；通过评估已实施的清洁生产方案成果，鼓励企业推行清洁生产。工作步骤见图 5-10。

1. 组织方案实施

（1）统筹规划　包括筹措资金，设计，征地、现场开发，申请施工许可证，兴建厂房，设备选型、调研、设计、加工或订货，落实配套公共设施，设备安装，组织操作、修理、管理班子，制订各项规程，人员培训，原辅料准备，应急计划（突发情况或障碍）制订，施工与企业正常生产的协调，试运行与验收，正常运行与生产。

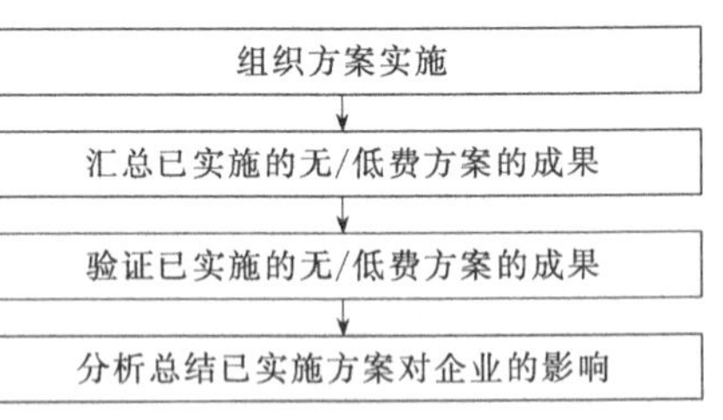

图 5-10　清洁生产方案实施工作步骤图

（2）筹措资金

① 资金来源：企业内部自筹资金、企业外部资金。

② 合理安排有限资金：优化方案实施顺序，滚动实施。

（3）实施方案　在企业中实施清洁生产方案。

2. 汇总已实施的无/低费方案的成果

汇总方案的环境效益和经济效益。

3. 评估已实施的中/高费方案的成果

包括技术评估、环境评估、经济评估、综合评估。

4. 分析总结已实施方案对企业的影响

① 汇总环境效益和经济效益；

② 对比各项单位产品指标；

③ 宣传清洁生产成果。

七、连续清洁生产

连续清洁生产的目的是使清洁生产在企业内长期、连续地推行下去。

工作步骤见图 5-11。

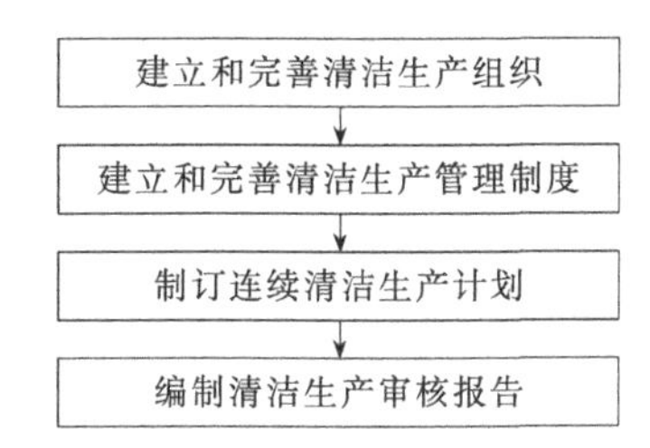

图 5-11　连续清洁生产工作步骤图

1. 建立和完善清洁生产组织

（1）明确任务

① 组织、协调并监督实施本次审核提出的清洁生产方案；

② 经常性地组织清洁生产教育和培训；

③ 选择下一轮清洁生产审核重点，并启动新的清洁生产审核；

④ 负责清洁生产活动的日常管理。

（2）落实归属

① 单独设立清洁生产办公室，由厂长领导；

② 在环保部门设立清洁生产机构；

③ 在管理部门或技术部门中设立清洁生产机构。

（3）确定专人负责

① 熟练掌握清洁生产审核知识；

② 熟悉企业的环保情况；

③ 了解企业的生产和技术情况；

④ 具有较强的工作协调能力；

⑤ 具有较强的工作责任心和敬业精神。

2. 建立和完善清洁生产管理制度

（1）审核成果纳入企业的日常管理

① 把清洁生产审核提出的加强管理的措施文件化，形成制度；

② 把清洁生产审核提出的岗位操作改进措施写入岗位的操作规程，并要求严格遵守执行；

③ 把清洁生产审核提出的工艺过程控制的措施写入企业的技术规范。

（2）建立和完善清洁生产奖励机制

① 可操作的奖罚措施；

② 环境意识的教育和培养。

（3）保证稳定的清洁生产资金来源　这对于清洁生产的持续推进和有效实施至关重要。

3. 制订连续清洁生产计划

包括清洁生产审核工作计划、清洁生产方案的实施计划、清洁生产新技术的研究与开发计划、企业职工的清洁生产培训计划。

4. 编制清洁生产审核报告

（1）技术要求的依据和目的

① 依据：《中华人民共和国清洁生产促进法》《清洁生产审核方法》等。

② 目的：保质保量完成企业的清洁生产审核工作，取得实际的环境和经济效益。

（2）清洁生产审核程序　原则上包括审核准备、预审核、审核、实施方案的产生和选择、实施方案的确定、编写清洁生产审核报告等。

① 审核准备。开展培训和宣传，成立由企业管理人员和技术人员组成的清洁生产审核工作小组，制订工作计划。

本阶段的主要活动为：

a. 开展宣传和培训；

b. 成立审核领导小组（必要时）或审核工作小组；

c. 制订工作计划。

本阶段的主要产出为：

a. 宣传培训工作报告；

b. 审核领导小组和审核工作小组名单及正式公布文件；

c. 审核工作计划。

② 预审核。在对企业基本情况进行全面调查的基础上，通过定性和定量分析，确定清洁生产审核重点和企业清洁生产目标。

本阶段的主要活动为：

a. 现场考察；

b. 数据调研；

c. 确定重点；

d. 制定目标。

本阶段的主要产出为预审核报告，需包括以下内容：

a. 现场考察记录（数据、照片、录像、录音等）；

b. 清洁生产重点区域；

c. 清洁生产目标。

在进行以上工作时能够从八个方面入手，即原辅材料和能源、技术工艺、设备、过程控制、产品、管理、人员、废弃物，通过初步调查分析，确定此次清洁生产审核的重点。

③ 审核。针对审核重点，通过对生产和服务过程的投入和产出进行分析，建立物料平衡、水平衡、资源平衡或价值流分析以及污染因子平衡，找出物料流失环节、资源浪费环节、污染物产生环节和污染物产生的原因。

本阶段的主要活动为：

a. 单元操作分析；

b. 各种适用的平衡测算或价值流分析；

c. 原因分析。

本时期的主要产出为：

a. 单元操作分析结果；

b. 各种平衡测算图及结果；

c. 价值流分析图及结果；

d. 原因分析。

本时期可针对审核重点的各个操作单元进行如下五方面的分析：

a. 该单元操作的输入，仅指物料；

b. 该单元操作的投入，仅指能源，如电、蒸汽、压缩空气等；

c. 该单元操作的有效产出（以企业目前的计量单位计算）；

d. 该单元操作产生的库存量（以企业目前的计量单位计算）；

e. 该单元操作产生的非产品产出，包括废水、废气、废渣、能量（如电、热等）消耗、挥发物等。

以上要求可依照企业的实际情况进行简化，以满足“清洁生产目标”的要求为原则。

④ 实施方案的产生和选择。对物料流失、资源浪费、污染物产生和排放环节进行分析，提出清洁生产实施方案，并进行方案的初步选择。

本时期的主要活动为：

a. 产生方案；

b. 选择方案。

本时期的主要输出为：

a. 产生的方案清单；

b. 方案选择的结果。

⑤ 实施方案的确定。对初步选择的清洁生产方案进行技术、经济和环境可行性分析，确定企业拟实施的清洁生产方案。

本时期的主要工作为：

a. 方案的技术可行性分析；

b. 方案的环境可行性分析；

c. 方案的经济可行性分析；

d. 确定方案。

本时期的主要输出为：

a. 方案的技术可行性分析报告；

b. 方案的环境效益及与环境要求的符合性（总量、排污许可等）；

c. 方案的经济可行性分析报告；

d. 拟实施的方案。

对拟实施的高费用方案能够从以下几个方面进行描述：

a. 方案简介（摘要）；

b. 方案的关键假设条件；

c. 方案总投资；

d. 方案运行费；

e. 方案的工艺流程；

f. 投资回收期；

g. 内部收益率；

h. 净现值；

i. 环境效益及与环保要求的符合性。

⑥ 结合法规政策和企业实际，确定清洁生产审核重点和设置清洁生产目标。

《清洁生产促进法》第二条规定：“本法所称清洁生产，是指不断采取改进设计、使用清洁的能源和原料、采用先进的工艺技术与设备、改善管理、综合利用等措施，从源头削减污染，提高资源利用效率，减少或者避免生产、服务和产品使用过程中污染物的产生和排放，以减轻或者消除对人类健康和环境的危害。”

结合清洁生产行业标准、同行业清洁生产水平和企业实际，确定的清洁生产审核重点一定要突出能够在生产过程中削减污染的部位。设置清洁生产目标应当突出环境效益，即单位产品污染物产生量的减少。

（3）清洁生产审核报告的格式及要求　格式见附录。企业清洁生产审核结果汇总表如表5-3所示。

表5-3　企业清洁生产审核结果汇总表

审核人员：（企业审核人员）　　　　　　　　　　　　联系电话：

方案实施情况	方案类别	数量	投资	实施期间实际取得的经济效益	折成年度经济效益	实施期间实际取得的环境效益	折成年度环境效益	折成年度效益的具体方法说明	企业生产是否有大小月之分（生产的淡旺季之分）
实施的无低费和中高费方案	无低费方案					节电：　kW·h	节电：　kW·h		说明折成年效益时，是如何考虑淡旺季的
						节水：　t	节水：　t		
						节煤：　t	节煤：　t		
						节约蒸汽：　t	节约蒸汽：　t		
						节约燃油：　t	节约燃油：　t		
						节约其他燃料：　t	节约其他燃料：　t		
						节约原料：	节约原料：		
						减少废水排放：　t	减少废水排放：　t		
						减少粉尘排放：　t	减少粉尘排放：　t		
						减少废气排放：　m^3	减少废气排放：　m^3		
						减少固体废物：　t	减少固体废物：　t		
						减少 SO_2 排放：　t	减少 SO_2 排放：　t		
						减少温室气体：　t	减少温室气体：　t		
						减少其他污染：	减少其他污染：		

第三节　可持续发展战略

一、可持续发展

可持续发展，是指满足当前需要而又不削弱子孙后代满足其需要之能力的发展。可持续发展还意味着维护、合理使用并且提高自然资源基础，这种基础支撑着生态抗压力及经济的增长。可持续发展还意味着在发展计划和政策中纳入对环境的关注与考虑，而不代表在援助或发展资助方面的一种新形式的附加条件。

可持续发展的核心思想是：经济发展、保护资源和保护生态环境协调一致，让子孙后代能够享受充分的资源和良好的资源环境。健康的经济发展应建立在生态可持续能力、社会公正和人民积极参与自身发展决策的基础上。可持续发展所追求的目标是：既要使人类的各种需要得到满足，个人得到充分发展，又要保护资源和生态环境，不对后代人的生存和发展构成威胁；它特别关注的是各种经济活动的生态合理性，强调对资源、环境有利的经济活动应给予鼓励，反之则应予以摒弃。

可持续发展包含两个基本要素或两个关键组成部分："需要"和对需要的"限制"。满足"需要"，首先是要满足贫困人民的基本需要。对需要的"限制"主要是指对未来环境需要的能力构成危害的限制，这种能力一旦被突破，必将危及支持地球生命的自然系统（如大气、水体、土壤和生物）。决定两个要素的关键性因素是：① 合理收入再分配以保证不会为了短期存在需要而被迫耗尽自然资源；② 降低主要是贫困人口对遭受自然灾害和农产品价格暴跌等损害的脆弱性；③ 普遍提供可持续生存的基本条件，如卫生、教育、水和新鲜空气，保护和满足社会最脆弱人群的基本需要，为全体人民，特别是为贫困人民提供发展的平等机会和选择自由。

所谓可持续发展战略，是指实现可持续发展的行动计划和纲领，是国家在多个领域实现可持续发展的总称，它要使各方面的发展目标，尤其是社会、经济与生态、环境的目标相协调。可持续发展是20世纪80年代提出的一个新的发展观。它的提出是应时代的变迁、社会经济发展的需要而产生的。世界上第一次提出"可持续发展"概念是1987年由挪威首相布伦特兰夫人担任主席的世界环境与发展委员会提出来的。但其理念可追溯至20世纪60年代的《寂静的春天》、"太空飞船理论"和罗马俱乐部的《增长的极限》等。1989年5月，第15届联合国环境署理事会经过反复磋商，通过了《关于可持续发展的声明》。1992年6月，联合国环境与发展大会在巴西里约热内卢召开，会议提出并通过了全球的可持续发展战略——《21世纪议程》，并且要求各国根据本国的情况，制定各自的可持续发展战略、计划和对策。1994年，国务院批准了我国的第一个国家级可持续发展战略——《中国21世纪议程——中国21世纪人口、环境与发展白皮书》。

2012年6月1日，我国正式发布《中华人民共和国可持续发展国家报告》，我国进一步深入推进可持续发展战略的总体思路，可以从以下五个方面来概括。

一是把转变经济发展方式和对经济结构进行战略性调整作为推进经济可持续发展的重大决策。要调整需求结构，把国民经济增长更多地建立在扩大内需的基础上；要调整产业结构，要更好、更快地发展现代的制造业以及第三产业，更重要的是要调整要素投入结构，使整个国民经济增长不能永远总是依赖物质要素的投入，而是要把它转向依靠科技进步、劳动者的素质提高和管理的创新上来。

二是要把建立资源节约型和环境友好型社会作为推进可持续发展的重要着力点。要深入贯彻节约资源和环境保护这个基本国策，在全社会的各个系统都要推进有利于资源节约和环境保护的生产方式、生活方式和消费模式，促进经济社会发展与人口、资源和环境相协调。

三是要把保障和改善民生作为可持续发展的核心要求。可持续发展这个概念有一个非常重要的内涵叫代内平等，它实际上讲的是人的平等、人的基本权利，可持续发展的所有问题，其核心是人的全面发展，所以要围绕以民生为重点来加强社会建设，来推进公平、正义和平等。

四是要把科技创新作为推进可持续发展的不竭动力。实际上很多不可持续问题的根本解决要靠科技的突破、科技的创新。

五是要把深化体制改革和扩大对外开放和合作作为推进可持续发展的基本保障。要建立有利于资源节约和环境保护的体制和机制，特别是要深化资源要素价格改革，建立生态补偿机制，强化节能减排的责任制，保障人人享有良好环境的权利。

我国历来高度重视生态环境保护，把节约资源和保护环境确立为基本国策，把可持续发展确立为国家战略。

二、能源可持续发展战略

能源既是重要的必不可少的经济发展和社会生活的物质基础前提，又是现实的重要污染来源。解决好我国的能源可持续发展战略问题，是实现我国社会可持续发展的重要环节。中国的可持续发展能源战略至少应考虑两方面的内容：其一是如何确保经济合理的、持续的能源供应和高效使用；其二是如何同时解决与能源过程有关的环境问题。

1. 长期坚持节能优先战略

20 世纪 80 年代以来，面对改革开放带来的经济高速发展态势，能源供应难以满足迅速增长的需求，节能受到必要的重视，取得了显著的成绩。市场经济初步建立以来，能源供需关系出现了重大变化，能源价格通过改革调整，已基本反映了市场的能源边际成本。企业竞争促使成本下降，降低能源成本成为许多产品增强市场竞争力的重要内容，节能的微观经济性成为关键驱动力。产业结构的调整和变化，以及市场对企业生产的硬约束，带来了明显的节能效果。

在新的市场条件下，解决能源短缺已不是节能和提高能效的驱动力。一方面，一些能源供应部门反而出现了由于供应能力过剩而要开辟新的消费市场，以刺激能源消费的动机和做法，力图争取更大的市场份额和经济利益。

另一方面，对能源部门的经济效益和相关社会问题的关注和实际影响，大于节能的呼声。对长期的能源平衡和能源安全的关注难以和短期的、直接经济运行的利益取向有机地联系起来。

在现阶段，提高全民的资源忧患意识，在市场经济的自然作用之外，采取适当的政策措施仍然十分必要。中国还要及早考虑可持续发展的消费方式的设计和引导实施。

2. 适应终端能源需求的变化趋势，实现能源结构的转变，加快发展天然气

中国长期以来能源结构以煤为主，是造成能源效率低下、环境污染严重的重要原因。近

年来终端能源需求的结构和总量变化，以及以中心城市为开端的环保要求，使优化一次能源结构成为能源发展的重要趋势。

但是，石油进口的增长，加之国际油价的浮动，使能源供应保障及能源安全等问题受到多方关注。近年来，我国天然气消费快速增长，在一次能源结构中占比稳步提升。

当前和今后几十年内，石油和天然气仍将是世界范围的主要能源。加快建设能源强国，对天然气行业高质量发展提出新要求。

3. 从实际出发，实施煤炭的清洁利用

优化能源结构和充分合理利用我国的煤炭资源并不矛盾。在能源结构优化的过程中，煤炭必将退出一些使用领域，但是煤在中国能源中的地位仍然将十分重要。在可持续发展能源战略中，煤炭的利用首先要解决相应的环境污染问题。

从世界能源系统的发展趋势看，未来煤炭的主要应用途径仍然是发电。从中国的实际情况出发，煤的清洁利用首先要解决的是落实目前燃煤的大气污染问题。其中，燃煤电厂脱硫问题应该首先予以解决。煤炭的汽化和液化有可能作为远期技术储备。如果考虑以煤为原料提供液体或气体燃料的话，则必须全面分析评估其经济可行性，还要考虑全过程的环境影响。除此之外，还必须考虑能源系统的总体效率。另一方面，全球气候变化的限制因素，将使煤炭的使用逐渐受到碳排放的严重制约。这些因素在煤炭的气化和液化技术开发和未来应用时必须充分予以考虑。

4. 系统考虑电源结构，水电、核电要实施长期的发展计划

中国的石油和天然气资源相对人口而言十分有限。在未来的终端能源消费结构中，电力的比例将不断扩大。和石油和天然气相对便宜的国家相比，中国有可能必须使电力在终端能源中的比例高于这些国家。对发电能源结构要有长期的规划，避免临时和缺乏系统规划的选择。

首先要尽量利用水力资源。中国水力资源丰富，目前利用率很低，发展潜力巨大。水电项目可以很好地和防洪、抗旱、农业灌溉结合起来，取得更大的综合社会经济效益。当然，水电大坝的建设可能存在对流域生态环境的影响，需要在大坝设计和建设时给予充分和适当的考虑。采取必要措施，使这些不利影响减到最小。如果把水电的巨大综合社会经济效益考虑在内，发展水电的优越性就更加突出。

在考虑是否发展天然气发电时，不但要在不同电源方案中进行综合比较，还应该对同一能源的不同使用方向的合理性进行比较分析。从环境保护角度来看，要使中小型锅炉和窑炉达到较高的污染排放控制水平是十分困难的，相对而言，电厂排污控制则可行得多。为了实现我国能源的可持续发展，必须尽快解决现有的体制性障碍，使资源的配置符合全社会环保效果最大化和成本最小化的原则。

核电是一种可靠的清洁能源，核电的安全性已经达到很高的水平。发展核电符合我国实现可持续发展能源战略方向。应把重点放到经济性以及安全性的选择上来，通过引进和国产化，使核电产业尽快达到经济规模，使核电的成本降下来，以实现核电发展的长期目标。

5. 推动环境保护，为可持续发展能源战略的实施创造必要的外部条件

环境保护是可持续发展的一个基本点，也是推动能源技术发展的基本动力之一。当前在发达国家，环境保护要求已经成为决定能源结构，从而决定能源成本的重要因素。为了实现

可持续发展的能源战略，应当在能源发展的各个环节充分考虑环保的需要。所以在能源建设中不但要考虑环境保护现在的要求，而且要充分预见今后的环境要求。

6. 做好可再生能源发展的战略安排

中国在可再生能源发展方面做了很多工作。但总的说来，商品化可再生能源的发展仍然十分有限。

随着农村经济的不断发展，以及城市地区扩大了对农村地区的辐射作用，农村地区从传统可再生能源向商品化石能源的转化步伐加大。但是目前的现代化可再生能源技术还不能适应这个转换过程，或是技术不够成熟，或是成本太高，难以和传统的化石能源竞争。中国发展可再生能源必须考虑农村发展的要求，我国城市化的过程还要持续几十年，我们必须借鉴先进再生能源技术的同时，自主开发适合于国情的技术。这不仅对我国十分有益，而且可以为很多发展中国家提供新的选择。

中国的电力系统发展迅速，扩张势头还要保持许多年，为现代可再生能源的发展创造了潜在的、可观的市场。在推动现代可再生能源发电应用时，应充分考虑可再生能源发电的环境效益，使其环境外部性能够反映到合理的电价体系中来。

三、企业可持续发展战略

大气污染、臭氧耗竭、温室效应、水污染、资源能源枯竭等危机越来越多地暴露在人类的日常生活中，逼迫人类反思和总结传统经济发展模式与环境之间的矛盾，重新审视自身的社会经济行为，探索新的发展战略，建立以可持续发展为目标的人类新文明作为社会生产活动的主体。企业必须意识到传统的以“高消耗、高投入、低效益、低产出”为主要特征的资源型经济已经不再符合当今社会的发展要求，取而代之的是走可持续的长久发展道路。此外，市场对“绿色产品”的需求以及消费者对“绿色产品”的选择日益增长，在自由竞争的市场环境中，为了占领市场份额，获取经济利益，提升企业综合竞争力，企业不得不抛弃高污染产品以“绿色清洁产品”取而代之。

环境无国际。为了达到制约人类以过度消耗环境为代价的发展行为，世界各国和国际组织纷纷出台保护环境的法律法规，以法律手段规范企业行为。为了在贸易出口交易中长期处于有利地位，打开国际市场，企业必须以更加严格的规范要求自己，产生达到国际市场要求的绿色节能产品。《中国 21 世纪议程》的制定以及“可持续发展战略”作为一项基本国策的提出，已经为国内企业指明了可持续发展的道路，1996 年以来实施的与国际接轨的 ISO 14000 系列标准更为企业的环境行为提出了明确的标准和规范。

1. 产品全生命周期理论与分类

美国哈佛大学教授雷蒙德・弗农（Raymond・Vernon）在其出版的《产品周期中的国际投资与国际贸易》一书中首次提出产品生命周期理论。他将产品投入市场后的整个流程划分成形成、成长、成熟、衰退四个阶段。之后有学者依照产品投入市场后不同阶段销售额的变化，将产品生命周期分为引入期、成长期、成熟期和衰退期四个阶段。随着可持续发展目标的确定，生态设计、绿色设计、绿色制造等新概念的不断提出，从可持续发展角度切入划分产品生命周期的方法也被不断提出。

产品全生命周期是指产品从设计、制造、包装、运输、使用到报废后的回收处理及再利用的整个生命周期过程，简而言之就是“从摇篮到坟墓”的整个设计流程中，通过采用先进的技术和管理手段，尽可能减少和消除对环境和人体健康的负面影响，提高资源能源利用率，实现产品的“绿色”特性，并最终提高企业的经济效益、社会效益和环境效益。结合前人的研究成果，可将产品全生命周期划分为以下五个阶段：产品开发设计、产品制造、产品包装运输、产品使用、产品回收及再利用。

2. 产品全生命周期各阶段和企业可持续发展

（1）产品开发设计　企业在进行大量市场调研的基础上，应充分分析顾客的需求，在方案设计的过程中，将绿色设计、生态设计的理念融入产品整个生命周期中的各个阶段。产品开发设计是产品全生命周期的第一阶段，从该阶段开始将对环境的负面影响降到最低是可持续发展对产品开发提出的新要求，也是产品开发基于可持续发展的新思路。有别于传统高投入、高消耗、低效益、低产出的粗放型生产方式，它要求产品在开发设计阶段除了考虑产品自身使用功能、生产成本、经济效益等方面还要将绿色设计生态原则体现在其中。可采用的方法有：①在设计过程中通过外形上的设计使材料消耗最小化，如改变产品或其组成部分的造型，产品整体设计更小型化、轻薄化，减少产品厚度或重量；②在设计过程中使产品在制造、使用阶段有毒排放最小化，如避免使用有毒材料，优先选择与环境友好兼容的材料，加工制造过程中避免使用排放有害物质的添加剂，减少产品的加工工序；③优先选择节能清洁型材料或可再生、可循环利用、可生物降解的新材料代替污染型材料提高材料利用率；④在开发设计的阶段充分考虑生命周期之后的环节，利用结构设计、拆卸设计等原理使产品在运输过程空间最大化，减少尾气排放。

（2）产品制造　即产品从无到有的阶段，在开发设计的基础上采用现代生产技术和设备加工制造的过程，同时也是和企业可持续发展联系最紧密的过程。在这个阶段，企业可以通过绿色制造、清洁生产等方法减少在制造过程中对环境造成的负面影响，树立企业绿色形象与节能环保的企业文化。清洁生产要求节约原料与能源，淘汰有害原材料，降低所有废弃物的数量与毒性，提高能源利用率，在生产过程中重复使用投入的材料，等等。从经济角度切入，清洁生产由于促使企业改进生产线及设备工艺，短时间会增加企业运营成本，加大科技研发投入力度，但是从长远的角度出发，企业可以通过技术创新，减少原材料等资源能源的消耗，提高资源利用率和劳动生产率，缩短报废产品的回收处理及再制造工艺周期，从而降低企业的生产成本，实现企业运行角度的可持续发展。具体的方法有以下几方面。

① 进行技术创新，改善生产工艺和设备，提高生产效率和资源利用率，如生产中选择能减少余料和废料的工序，尽可能地使用生产过程的废料作为部分原材料，以实现多次利用。

② 选择高效能的操作阶段，在生产过程减少从自然环境中的摄取并减少最终对自然环境的排放。

③ 可持续供应链管理。供应链管理是针对为终端消费者提供产品和服务的相互关联的企业所形成的网络进行管理。生命周期中的供求关系十分复杂，不同阶段的利益相关者获取经济效益的需求不同，因此如何协调供应链管理上下级利益相关者的利益，使企业在供应链的运作对环境的影响降到最低是个十分重要的课题。

（3）产品包装运输　在以往的研究文献中，许多研究学者将产品全生命周期划分为产品设计、产品制造、产品使用、产品最终处置四个阶段。随着信息化时代互联网的发展以及人们生活方式、购物方式的转变，通过网络实现虚拟场景购物再通过物流运输的方式最后送达消费者手中的网络购物模式已经发展壮大，消费者在享受网络购物便利的同时对环境造成了沉重的负担。产品包装和运输对环境的影响力逐渐加重，如何在产品包装运输阶段有效地协调经济效益和环境效益成为现代企业思考的重要课题。产品包装最开始在整个产品制造过程中起着保护和防护的作用，使其在流通运输过程中不受损伤，减少直接或间接的经济损失。之后随着经济的发展，营销学、企业管理、包装设计等学科理论的系统化，产品包装逐渐发展成产品营销和企业品牌形象树立的一部分，企图通过对包装的设计建立品牌识别度，刺激消费者的购买欲望，因此不可避免地引发了过度包装、资源浪费等问题。自 20 世纪 80 年代可持续发展的提出，一股不可逆转的生态设计、绿色设计潮流掀起，产品包装受到大趋势的影响，也开始自觉自发地“缩衣节食”，具体的方法如下。

① 避免包装或者只在绝对必要的情况下使用材料包装，如很多化妆品品牌取消对产品外部的塑料包装。

② 通过产品的结构设计、拆卸设计，将包装设计作为产品的一部分或者产品的一个部件，在运输过程中最大化利用运输空间。如有些家居具有良好的拆卸性并且满足用户轻松组装的要求，这不仅有益于减少运输阶段对环境造成的负担，也便于产品回收阶段的回收处理以及再制造。

③ 包装材料尽可能地选择清洁节能、可回收循环利用或者生物降解的环保材料，在制造过程中使其有害物质的排放最小化，能源消耗最小化。

(4) 产品使用　产品使用阶段区别于产品全生命周期中的其他四个阶段，其特点在于该阶段发生在用户使用的过程中，脱离了企业的控制和管理，同时也是企业获取经济利益的环节。在该阶段实现可持续发展的主要方法如下。

① 延长产品的使用寿命。现代企业为响应可持续发展，在产品开发设计阶段就要有意识地延长产品的使用寿命，开发耐用型产品。

② 利用先进的技术手段，研发新型材料，减少产品使用过程中的能源浪费和污染排放，如碳纤维材料的应用。碳纤维是一种含碳量在 95%以上的高强度、高模量纤维的新型纤维材料，具有“外柔内刚”的特点，质量比金属铝轻，但强度却高于钢铁。研究表明，质量每减少 100kg，汽车的百公里油耗最多可减少 10%，因此碳纤维作为一种环保材料开始广泛运用到汽车制造行业。

(5) 产品回收及再利用　产品全生命周期理论提出的重点，有别于传统生产中重视生产销售，忽略回收利用以及环境效益的模式，产品回收及再利用的提出使产品全生命周期理论形成一个闭合循环的回路。以材料为例，国外在该问题的研究上提出了“4R”战略，分别是 reduce（减少使用，减少排放）、reuse（重复使用）、recycle（循环使用）、renew（可再生资源的使用和研发）。为达到回收再利用的目的，除了上述提到的“4R”战略，具体的方法还包括：① 材料方面选择无毒、无害、清洁、可再生、易降解的材料，减少材料在再制造加工工艺过程中有害气体、液体和固体废物的排放，以及对人体健康造成的影响；② 在产品设计过程中，对产品的零部件以及各部件之间的连接方式运用面向拆卸的设计原理，即采用模块化设计或易拆卸的设计方法。拆卸是产品回收的第一步，面向拆卸的设计对提高回收效率减少企业的回收成本意义重大。

能力训练题

一、名词解释

清洁生产、物料平衡、连续清洁生产、可持续发展

二、简答题

1. 清洁生产的内涵是什么？

2. 推行清洁生产的目的是什么？

3. 可持续发展的概念和内涵是什么？

4. 可再生能源发展的战略安排是什么？

附录 清洁生产审核报告示例

×××企业清洁生产审核报告

审核企业：

审核咨询机构：

报告日期：×年×月×日

×××企业清洁生产审核小组成员名单：

组长：

成员：

×××企业承诺（盖章）：我们对本报告的真实性和完整性负责。本报告的结果能够（或不能够，或部分经审查同意能够）公布。

×××咨询机构清洁生产审核咨询小组成员名单：

组长：

成员：

×××咨询机构承诺（盖章）：我们对本报告的真实性和完整性负责。

名目

前言

1 审核准备

1.1 审核工作计划

1.2 宣传和教育

本章节要求有如下图表：

· 审核工作计划表。

2 预审核

2.1　企业概况

包括产品、生产、人员及环保等概况。

2.2　产污和排污现状分析

包括国内外情况对比，产污原因初步分析以及企业的环保执法情况等，并予以初步评估。

2.3　污染物的初步分析并确定审核重点

2.4　清洁生产目标

本章节要求有如下图表（可依照实际情况增减）：

·企业平面布置简图；

·企业的组织机构图；

·企业主要的工艺流程图；

·企业输入物料汇总表；

·企业主要能源使用表；

·企业产品汇总表；

·企业主要污染物特性表；

·企业历年污染物特性表；

·清洁生产目标一览表。

3　审核

3.1　审核重点概况

包括审核重点的工艺流程图、工艺设备流程图和各单元操作流程图。

3.2　物料平衡、能量平衡或价值流分析

3.3　污染物产生原因分析

本章节要求有如下图表（可依照实际情况增减）：

·审核重点平面布置简图；

·审核重点组织机构图；

·审核重点工艺流程图；

·审核重点单元操作功能说明表；

·审核重点物流实测数据表；

·审核重点物料流程图；

·审核重点物料平衡图；

·审核重点污染物产生原因分析表。

4　实施方案的产生和选择

4.1　方案汇总

包括所有的已实施、未实施及可行、不可行的方案。

4.2　方案选择

4.3　方案研制

主要针对中高费清洁生产方案。

5　可行性分析

5.1　技术评估

5.2　环境评估

5.3　经济评估

5.4　确定方案

本章节要求有如下图表：

· 方案评估指标汇总表；

· 方案描述。

6　方案实施计划

6.1　方案实施计划

6.2　已实施的无低费方案的成果汇总

6.3　清洁生产的管理制度和连续清洁生产计划

本章节要求有如下图表：

· 已实施的清洁生产方案的成果总结；

· 拟实施的清洁生产方案的成效预测；

· 实施的清洁生产方案的成效预测；

· 方案实施计划。

参 考 文 献

[1] 张燕龙．碳达峰与碳中和实施指南 [M]. 北京：化学工业出版社，2021.

[2] 孙永平．碳排放权交易概论 [M]. 北京：社会科学文献出版社，2016.

[3] 廖振良．碳排放交易理论与实践 [M]. 上海：同济大学出版社，2016.

[4] International Energy Agency. Global energy & CO_2 status report 2019：The latest trends in energy and emissions in 2018 [R]. Paris：IEA，2019.

[5] 安永碳中和课题组．一本书读懂碳中和 [M]. 北京：机械工业出版社，2021.

[6] 汪军．碳中和时代：未来40年财富大转移 [M]. 北京：电子工业出版社，2021.

[7] 中国长期低碳发展战略与转型路径研究课题组，清华大学气候变化与可持续发展研究院．读懂碳中和：中国2020—2025年低碳发展行动路线图 [M]. 北京：中信出版社，2021.

[8] 中金公司研究部，中金研究院．碳中和经济学 [M]. 北京：中信出版社，2021.

[9] 杨建初，刘亚迪，刘玉莉．碳达峰、碳中和知识解读 [M]. 北京：中信出版社，2021.

[10] 曹开虎，粟灵．碳中和革命：未来40年中国经济社会大变局 [M]. 北京：电子工业出版社，2021.

[11] 王伟光，郑国光．气候变化绿皮书：应对气候变化报告（2013）[M]. 北京：社会科学文献出版社，2013.

[12] 李俊峰，徐华清，崔成，等．减缓气候变化：原则、目标、行动及对策 [M]. 北京：中国计划出版社，2011.

[13] 庄贵阳，周宏春．碳达峰碳中和的中国之道 [M]. 北京：中国财政经济出版社，2021.

[14] 熊焰，王彬，邢杰．元宇宙与碳中和 [M]. 北京：中译出版社，2022.

[15] 袁志刚．碳达峰碳中和：国家战略行动路线图 [M]. 北京：中国经济出版社，2021.

[16] 范必，徐以升，张萌，等．世界能源新格局：美国“能源独立”的冲击及中国应对 [M]. 北京：中国经济出版社，2014.

[17] 曾少军．一条新路：中国“低碳＋”战略 [M]. 北京：中国经济出版社，2019.

[18] 陈迎，巢清尘．碳达峰、碳中和100问 [M]. 北京：人民日报出版社，2021.

[19] 王凯，邹洋．国内外ESG评价与评级比较研究 [M]. 北京：经济管理出版社，2021.

[20] 王大地，黄洁．ESG理论与实践 [M]. 北京：经济管理出版社，2021.

[21] 沈亚东．碳中和：全球变暖引发的时尚革命 [M]. 上海：上海科技教育出版社，2021.

[22] 庄伟强．固体废物处理与处置 [M]. 2版．北京：化学工业出版社，2009.

[23] 庄伟强．固体废物处理与利用 [M]. 2版．北京：化学工业出版社，2008.

[24] 汪群慧．固体废物处理及资源化 [M]. 北京：化学工业出版社，2004.

[25] 王红云，赵连俊．环境化学 [M]. 2版．北京：化学工业出版社，2009.

[26] 季宏祥．环境监测技术 [M]. 北京：化学工业出版社，2012.

[27] 渠开跃，吴鹏飞，吕芳．清洁生产 [M]. 2版．北京：化学工业出版社，2017.

[28] 曲向荣．清洁生产与循环经济 [M]. 北京：清华大学出版社，2011.

[29] 陈明，罗家国，赵永红，等．可持续发展概论 [M]. 北京：冶金工业出版社，2008.

[30] 任月明，刘婧媛，陈蓉蓉．环境保护与可持续发展 [M]. 2版．北京：化学工业出版社，2021.